ABB 工业机器人虚拟仿真与离线编程

智通教育教材编写组　编

主　编　廉迎战　黄远飞

副主编　杨彦伟　徐月华　王刚涛　辛选飞　李　涛

参　编　谢　承　聂　波　钟海波　叶云鹏　韦作潘

　　　　田增彬　梁　柱　贺石斌　崔恒恒　赵　君

　　　　夏骁博　王天宇

机械工业出版社

本书以 ABB 工业机器人离线编程仿真软件 RobotStudio 为对象，介绍离线编程仿真技术在机器人集成项目中的应用。全书以构建企业的实际生产场景"CNC 加工岛"虚拟仿真工作站为重点，着重培养读者举一反三独立构建工业机器人实际应用场景虚拟仿真效果的能力。通过本书学习可使读者熟练使用 ABB 机器人仿真软件 RobotStudio，掌握工业机器人及周边设备的布局、工业机器人工作轨迹干涉验证、工业机器人工作范围和可达性验证、工业机器人节拍优化、复杂轨迹离线编程、机器人程序在线调试、机器人参数在线配置等机器人应用技能。

为帮助读者学习，本书配套了丰富的学习资源，包含模型素材、虚拟仿真工作站、视频（通过扫描书中相应页码中的二维码下载或观看），以及教学 PPT 课件（联系 QQ296447532 获取）。本书适合工业机器人应用一线技术人员、工业机器人集成方案供应商的销售人员，以及高等院校机电一体化、电气控制、机器人工程等专业的师生使用。

图书在版编目（CIP）数据

ABB工业机器人虚拟仿真与离线编程/智通教育教材编写组编. —北京：机械工业出版社，2019.12（2024.8重印）

ISBN 978-7-111-64186-5

Ⅰ. ①A… Ⅱ. ①智… Ⅲ. ①工业机器人—计算机仿真 ②工业机器人—程序设计 Ⅳ. ①TP242.2

中国版本图书馆CIP数据核字（2019）第263104号

机械工业出版社（北京市百万庄大街22号　邮政编码100037）
策划编辑：周国萍　　　责任编辑：周国萍
责任校对：陈　越　　　封面设计：马精明
责任印制：任维东
河北鹏盛贤印刷有限公司印刷
2024年8月第1版第9次印刷
184mm×260mm・12印张・286千字
标准书号：ISBN 978-7-111-64186-5
定价：49.00元

电话服务　　　　　　　　　　网络服务
客服电话：010-88361066　　　机　工　官　网：www.cmpbook.com
　　　　　010-88379833　　　机　工　官　博：weibo.com/cmp1952
　　　　　010-68326294　　　金　书　网：www.golden-book.com
封底无防伪标均为盗版　　机工教育服务网：www.cmpedu.com

前言

1959年，第一台工业机器人Unimate的诞生，为工业机器人的发展拉开了序幕。在短短的几十年里，工业机器人迎来了飞速的发展：国内外品牌林立、使用量逐年增加、应用领域越来越多、技术水平越来越高。

工业机器人使用量的增加，在我国最为明显。2000年，中国的新装机器人数量只占全世界比例的0.1%，而现在，全世界每三台新装机器人就有一台在中国。按照目前的增速，到2030年，中国的工业机器人数量将达到1400万台，远超其他国家。随着技术的发展，应用领域也不再限于简单的搬运作业，而是涉及机械加工、切削、焊接、喷涂、点胶、抛光打磨、修边等领域。说到这里，不得不提虚拟仿真与离线编程技术的发展，在广东智通职业培训学院的《ABB工业机器人基础操作与编程》一书中，讲解了基于示教器的ABB机器人操作与编程，读者可以发现，对于复杂的轨迹通过描点法的方式进行编程不仅耗时耗力，而且精度不高，无法满足实际的作业需求。也正是如此，离线编程技术被迫切提出并且发展迅速。离线编程有很多在线示教编程不具备的优势，比如编程效率高、轨迹精度高、减少对实际生产的影响、规避撞机风险、可以计算最优工作轨迹等。

关于离线编程软件，国外在20世纪70年代末就进行了相关研究，现在主要分为通用型离线编程软件和专用型离线编程软件。通用型离线编程软件适用于多个品牌机器人，能够实现仿真、轨迹编程、程序输出，但兼容性不够，常见的有Robotmaster、RobotWorks、RobotArt、Robcad、DELMIA、RobotMove等。专用型离线编程软件是机器人原厂开发或委托第三方公司开发的，其特点是只支持特定品牌的机器人，因为是由原厂开发或支持，软件功能更强大，实用性更强，兼容性也好，常见的有RobotStudio（ABB离线编程软件）、KUKA SIM PRO（KUKA离线编程软件）、ROBOGUIDE（FANUC离线编程软件）、MotoSimEG-VRC（安川离线编程软件）等。

本书将对ABB离线编程软件RobotStudio进行学习，主要涉及虚拟仿真工作站的创建、离线轨迹编程、机械装置与工具创建、smart组件的应用、CNC仿真工作站综合练习以及RobotStudio的在线功能。全书贯穿操作案例的讲解。

通过本书的学习，可以帮助读者熟练掌握ABB工业机器人的RobotStudio离线编程软件，能够对辅助轨迹进行离线编程，能够独立构建工业机器人实际应用场景仿真效果。为帮助读者学习，本书配套了丰富的学习资源，包含模型素材、虚拟仿真工作站、视频（通过扫描书中相应页码中的二维码下载或观看），以及教学PPT课件（联系QQ296447532获取）。

广东智通职业培训学院（又称智通教育）创立于1998年，是由广东省人力资源和社会保障厅批准成立的智能制造人才培训机构，是广东省机器人协会理事单位、东莞市机器人产业协会副会长单位、东莞市职业技能定点培训机构。智通教育智能制造学院聘请广东省机器人协会秘书长、广东工业大学研究生导师廉迎战副教授为顾问，聘任多名曾任职于富士康、大族激光、诺基亚、超威集团、飞利浦、海斯坦普等知名企业的实战型工程师组建起阵容强大的智能制造培训师资队伍。智通教育智能制造学院至今已培养工业机器人、PLC、包装自动化、电工等智能制造相关人才 16000 余名。

  本书根据智通教育智能制造学院多年来在智能制造行业的教学经验，由多名拥有丰富实战经验的资深工业机器人老师主导编写。其中廉迎战、黄远飞任主编，杨彦伟、徐月华、王刚涛、辛选飞、李涛任副主编，参与编写的还有谢承、聂波、钟海波、叶云鹏、韦作潘、田增彬、梁柱、贺石斌、崔恒恒、赵君、夏骁博、王天宇。

  本书适合工业机器人应用一线技术人员、工业机器人集成方案供应商的销售人员，以及高等院校机电一体化、电气控制、机器人工程专业的师生使用。

  由于工业机器人技术一直处于不断发展之中，再加上时间仓促、编者学识有限，书中难免存在不足和疏漏之处，敬请广大读者不吝赐教。

智通教育教材编写组

目录

前 言
第1章 虚拟仿真与离线编程技术概述.................001
1.1 虚拟仿真与离线编程技术的发展情况..........001
1.2 虚拟仿真与离线编程技术带来的优势..........003
1.3 虚拟仿真与离线编程技术的应用领域..........003
1.4 ABB机器人仿真软件RobotStudio................004
 1.4.1 RobotStudio的功能..............................004
 1.4.2 RobotStudio的版本发展与获取方式......005
 1.4.3 RobotStudio的安装..............................005
 1.4.4 RobotStudio的软件界面......................009
课后习题...011

第2章 简易虚拟仿真工作站的创建.....................012
2.1 构建虚拟工作站..012
 2.1.1 加载机器人本体等模型库中的模型......012
 2.1.2 模型创建与模型属性..........................018
 2.1.3 导入第三方软件生成的模型..............027
 2.1.4 设定系统选项创建虚拟控制系统......029
2.2 虚拟工作站的基本操作..................................033
 2.2.1 图形窗口的基本操作..........................033
 2.2.2 虚拟控制器的相关操作......................035
2.3 工作站配置与编程..039
 2.3.1 在RobotStudio上创建轨迹路径程序......039
 2.3.2 在RobotStudio上进行I/O配置............050
 2.3.3 在RAPID选项卡界面编制程序............052
2.4 工作站的虚拟仿真运行..................................054
 2.4.1 仿真设定与仿真控制..........................054
 2.4.2 仿真过程监控..................................057
 2.4.3 仿真效果输出..................................060
课后习题...063

第3章 机器人离线轨迹编程.................................064
3.1 自动路径轨迹编程..064

3.2 修改轨迹目标点位..067
3.3 获取轨迹曲线的其他方式..............................070
课后习题...071

第4章 创建机械装置...072
4.1 创建机器人周边设备......................................072
 4.1.1 CNC自动门......................................072
 4.1.2 双层供料台......................................076
 4.1.3 CNC装夹治具..................................079
4.2 创建机器人工具..083
 4.2.1 气动打磨机......................................084
 4.2.2 气动夹爪..086
 4.2.3 双头气动夹爪..................................090
课后习题...096

第5章 smart组件的应用.......................................097
5.1 CNC自动门仿真效果......................................097
 5.1.1 CNC自动门仿真逻辑设计..................097
 5.1.2 CNC自动门的子组件组成..................098
 5.1.3 CNC自动门的属性与信号链接..........099
 5.1.4 CNC自动门与工作站的信号交互......104
5.2 气动夹爪仿真效果..105
 5.2.1 气动夹爪仿真逻辑设计......................105
 5.2.2 气动夹爪子组件组成..........................106
 5.2.3 气动夹爪的属性与信号连接..............107
 5.2.4 气动夹爪与工作站的信号交互..........110
5.3 传输带仿真效果..110
 5.3.1 传输带仿真逻辑设计..........................111
 5.3.2 传输带的子组件组成..........................111
 5.3.3 传输带的属性与信号连接..................112
5.4 CNC夹具仿真效果..113
 5.4.1 CNC夹具仿真逻辑设计......................114
 5.4.2 CNC夹具子组件组成..........................114

5.4.3　CNC 夹具的属性与信号连接 115
　　5.4.4　CNC 夹具与工作站的信号交互 117
　课后习题 118

第 6 章　基本 smart 子组件一览 119
　6.1　信号和属性类子组件 119
　6.2　参数模型类子组件 126
　6.3　传感器类子组件 131
　6.4　动作类子组件 136
　6.5　本体类子组件 140
　6.6　其他类型子组件 145
　课后练习 152

第 7 章　CNC 仿真工作站综合练习 153
　7.1　CNC 仿真工作站描述 153
　　7.1.1　CNC 仿真工作站的工作流程 153
　　7.1.2　CNC 仿真工作站的逻辑设计 154
　7.2　CNC 仿真工作站布局 155
　　7.2.1　通过 RobotApps 社区获取几何模型 155
　　7.2.2　工作站的布局原则 157
　7.3　各 smart 组件的创建 157
　　7.3.1　供料台 smart 组件 157
　　7.3.2　双头夹爪 smart 组件 159

　　7.3.3　CNC smart 组件 163
　　7.3.4　传输带 smart 组件 166
　7.4　创建工作站逻辑连接 168
　7.5　创建碰撞监控 169
　7.6　smart 组件效果调试 169
　7.7　仿真效果输出 169
　　7.7.1　视频文件形式输出 170
　　7.7.2　可执行程序形式输出 170
　课后习题 171

第 8 章　RobotStudio 在线功能 172
　8.1　RobotStudio 与控制器的连接 172
　8.2　在线修改 RAPID 程序及文件传送 174
　　8.2.1　在线修改 RAPID 程序 174
　　8.2.2　在线传送文件 175
　8.3　其他在线功能 176
　　8.3.1　在线监控功能 176
　　8.3.2　在线管理示教器用户操作权限 178
　课后习题 181

附录　课后习题答案 182

参考文献 184

第 1 章

虚拟仿真与离线编程技术概述

⊃ 知识要点

1. 工业机器人虚拟仿真与离线编程技术的发展情况
2. 工业机器人常用的编程方法
3. 工业机器人离线编程与在线示教编程的优、缺点
4. 虚拟仿真与离线编程技术的应用领域
5. RobotStudio 软件基本认知

⊃ 技能目标

1. 初步了解国内外工业机器人虚拟仿真与离线编程软件的发展概况
2. 了解工业机器人离线编程与在线示教编程的优、缺点
3. 熟悉虚拟仿真与离线编程技术的应用领域
4. 初步认识 RobotStudio 软件

1.1 虚拟仿真与离线编程技术的发展情况

随着时代的发展,机器人已成为现代工业不可缺少的装备。从 1959 年第一台工业机器人 Unimate 诞生,到现在国内外各个工业机器人品牌林立,这几十年时间里,机器人技术迅猛发展,工业机器人被应用到各行各业,来完成越来越复杂的任务。

工业机器人常见的编程方式有在线示教编程和离线编程。最开始工业机器人使用的只有在线示教编程,这种编程方式是用示教器或计算机进行现场编程,把每一个动作记录到机器人中,配置完成后的机器人会完全按照记录的指令进行动作。虽然在线示教编程目前仍然是大多数机器人的编程方式,但在线示教编程的精度不高,对于复杂工件,编程工作量比较大,效率低。为了追求高效和高精度编程方法,离线编程技术应运而生。为了满足可视性要求,几乎所有的离线编程软件都具有虚拟仿真功能,所以虚拟仿真与离线编程总是被同时提及。

早在 20 世纪 70 年代末,国外就开始了机器人离线编程规划和系统的研究。常见的有 Robotmaster、RobotWorks、Robcad、DELMIA、RobotStudio、RobotMove、ROBOGUIDE 等。相比于国外,虽然我国在离线编程方面起步较晚,但因投入比较大、重视程度比较高,所以近年来发展也比较迅速。最值得一提的就是北京华航唯实推出的 RobotArt 离线编程软件,这款软件是目前离线编程软件国内品牌中顶尖的软件,它打破了国外软件垄断的局面。

离线编程软件又分为通用型离线编程软件和专用型离线编程软件。通用型离线编程软件适用于多个品牌机器人,能够实现仿真、轨迹编程、程序输出,但兼容性不够。专用型离线编程软件是机器人原厂开发或委托第三方公司开发的,其特点是只支持特定品牌的机器

人,因为是由原厂开发或支持,软件功能更强大,实用性更强,兼容性也好。下面对主流的离线编程软件进行介绍。

1. 通用型离线编程软件

(1) Robotmaster   Robotmaster 是目前市面上顶级的通用型机器人离线编程软件,由加拿大软件公司 Jabez 科技开发研制,后来被美国海宝(Hypertherm)公司收购。它具有齐全的离线编程能力,由于是在 Mastercam 软件上做的二次开发,它无缝集成了机器人编程、仿真和代码生成器等功能,所以对机器人生成数控轨迹很擅长,但其价格昂贵,企业版售价为几十万元,且暂不支持多台机器人同时模拟仿真。

(2) RobotWorks   RobotWorks 来自以色列,是基于 SolidWorks 做的二次开发。它可以轻松地通过 IGES、DXF、DWG、PrarSolid、STEP、VDA、SAT 等标准接口进行数据转换;生成轨迹多样,支持多种机器人、外部轴。但是编程麻烦,机器人运动学规划策略智能化程度低;无中文版,相关的中文学习资料也很少。

(3) RobotArt   RobotArt 是北京华航唯实机器人科技有限公司研制的一款离线编程软件。该软件具有一站式解决方案,从轨迹规划、轨迹生成、仿真模拟,到最后后置代码,使用简单,学习起来比较容易上手;不同行业的工艺数据不同且功能强大;强调服务,重视企业定制。其是国产离线编程软件中不错的产品,填补了国产离线编程软件的空白。虽然与国外同类的软件相比,功能稍逊一些,但 RobotArt 价格有较大优势,官网可以下载软件,并可免费试用 30 天。

(4) Robcad   Robcad 是西门子旗下的软件,软件功能相当庞大,重点在生产线仿真,在汽车制造工厂占统治地位,是做方案和项目规划的利器。该软件支持离线点焊、多台机器人仿真、非机器人运动机构仿真,节拍仿真精确。Robcad 主要应用于产品生命周期中的概念设计和结构设计两个前期阶段。其价格在同类软件中属于高位,离线功能较弱,人机界面不友好。

(5) DELMIA   DELMIA 是达索旗下的 CAM 软件,拥有 6 大模块,其中 Robotics 解决方案涵盖汽车领域的发动机、总装和白车身(Body-in-White),航空领域的机身装配、维修维护,以及一般制造业的制造工艺。机器人模块只是它的部分功能。

(6) RobotMove   RobotMove 来自意大利,同样支持市面上大多数品牌的机器人,机器人加工轨迹由外部 CAM 导入。与其他软件不同的是,RobotMove 走的是私人定制路线,根据实际项目进行定制。另外,RobotMove 与 RobotArt 和 Robotmaster 相比,本身不带轨迹生成能力,只支持轨迹导入功能,需要借助 CATIA 或 UG 等 CAM 软件生成轨迹,然后由 RobotMove 来仿真,所以后置代码仿真是它的亮点。

2. 专用型离线编程软件

(1) RobotStudio   ABB 公司的 RobotStudio 软件是为 ABB 机器人专门研发的离线编程软件。它除了几乎可以完成示教器的所有功能外,还能对机器人工作场景进行虚拟仿真和离线编程。RobotStudio 支持中文界面,中文学习资料丰富,界面友好,容易上手。

(2) KUKA SIM PRO   KUKA SIM PRO 是库卡机器人的专用离线编程软件,它一般配合库卡的 Office Lite 软件一同使用。目前官方推荐使用的版本是 3.0 系列,该版本与之前的版本有很大变化。KUKA SIM PRO 3.0 是在芬兰 Visual Components 软件的基础上进行二次开发而来的。目前从库卡官方网站可以下载试用期限为14天的试用版 KUKA SIM PRO 软件。最新版的 KUKA SIM PRO 支持中文界面,但该软件的中文学习资料比较少。

(3) ROBOGUIDE　ROBOGUIDE 是 FANUC 机器人专用的离线编程软件,它能够仿真机器人工作场景和离线编程。ROBOGUIDE 软件无中文界面,中文学习资料较少,官方提供期限为 30 天的试用版。目前最新版本为 V9.0 系列。

(4) MotoSimEG-VRC　MotoSimEG-VRC 是安川机器人专用的离线编程软件,可仿真机器人工作应用场景,支持离线编程。目前图书市场上有少量的 MotoSimEG-VRC 中文教程图书。

专用型离线编程软件都是各机器人制造商为自有品牌机器人专门研发的,具有功能齐全、集成度高、专用性强等特点。这些软件一般都对用户开放底层数据接口,用户可根据自身需求开发出更多的功能。缺点是只支持本公司品牌的机器人,不能互相通用。

1.2　虚拟仿真与离线编程技术带来的优势

工业机器人在线示教编程是在作业现场进行,虽然编程方便,但编程时要占用机器人大量的工作时间。作为企业主,肯定是希望编程调试的时间周期短,产线可以快速投入运行,而不至于影响生产效益。而虚拟仿真与离线编程不仅可以大大缩短现场编程调试的时间,还可以实现在线示教编程难以完成的复杂运行轨迹的编程及三维图形的动画仿真,从而对所编程序的正确性进行检验。在线示教编程和离线编程的各自特点见表 1-1。

表　1-1

	在线示教编程	离线编程
辅助材料	无须辅助材料,示教器编程	需要 PC、工作场景数字模型的辅助
停机编程	需停机编程	无须停机编程
直接运行	可直接运行	需要编程坐标系与实际坐标系重合
撞机风险	存在较大撞机风险	通过仿真规避了撞机风险
编程效率	效率低,时间长	效率高,时间短
轨迹优化	轨迹的优化程度取决于编程者的经验	计算机计算最优工作轨迹
复杂轨迹	难以示教复杂轨迹	可以精准再现复杂轨迹
轨迹精度	轨迹精度低	轨迹精度高

通过表 1-1 可以看出,离线编程方式比在线示教编程方式更有优势。随着工业机器人的大量普及应用以及工业机器人需要运行越来越复杂的运动轨迹,工业机器人的离线编程与仿真技术已成为技术人员关注的新技术之一。

1.3　虚拟仿真与离线编程技术的应用领域

如今工业机器人虚拟仿真与离线编程技术的行业应用越来越广,涉及机械加工、切削、焊接、去毛刺、点胶、抛光/打磨、涂漆喷漆、修边等方面,如图 1-1 至图 1-8 所示。

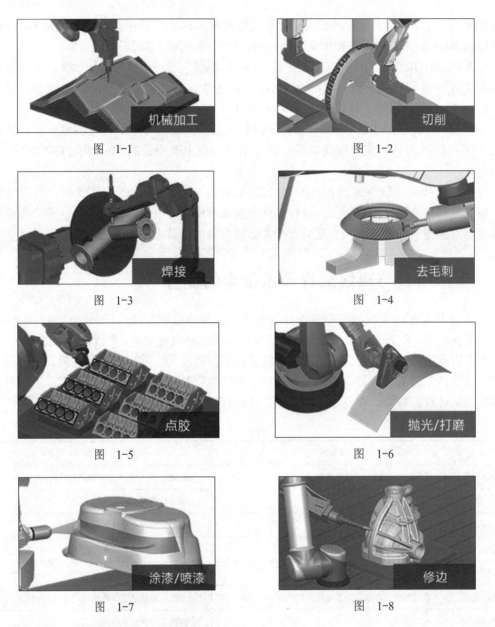

图 1-1　　　　　　　　　　　图 1-2

图 1-3　　　　　　　　　　　图 1-4

图 1-5　　　　　　　　　　　图 1-6

图 1-7　　　　　　　　　　　图 1-8

虚拟仿真与离线编程的前提是建立机器人系统和工作站的布局，这需要花费一定的时间。不过随着工业机器人应用领域的增多及复杂任务的增加，工业机器人虚拟仿真与离线编程技术的应用领域会越来越多。

1.4 ABB 机器人仿真软件 RobotStudio

1.4.1 RobotStudio 的功能

RobotStudio 软件是 ABB 公司专门开发的工业机器人离线编程软件。顾名思义，借助 RobotStudio 离线编程软件，可在不影响生产的前提下执行培训、编程和优化等任务，如同将真实的机器人搬到了 PC 中。在实际生产中,其还对生产有风险降低、投产更迅速、换线更快捷、提高生产效率等好处。图 1-9 为根据某一实际工作站在 RobotStudio 中建立的虚拟工作站。

图 1-9

RobotStudio 以 ABB VirtualController 为基础,与机器人在实际生产中运行的软件完全一致。因此,RobotStudio 与真实机器人系统的兼容性非常高,并可执行十分逼真的模拟。同时 RobotStudio 以其操作简单、界面友好和强大的功能得到广大机器人工程师的一致好评。

1.4.2 RobotStudio 的版本发展与获取方式

RobotStudio 软件发行时间为 2003 年 4 月 3 日,经过十几年的发展,现在常见软件版本已经是 6.X 系列。通常情况下,高版本的 RobotStudio 软件会兼容低版本的 RobotStudio 软件,而高版本的打包文件在低版本中运行容易报错。值得注意的是,RobotStudio 5.X 系列和 RobotStudio 6.X 系列版本不兼容,5.X 系列版本的打包文件如果要在 6.X 以上版本上运行,一定要安装对应的 5.X 版本的 RobotWare。

RobotStudio 软件的官方下载地址是 https://new.abb.com/products/robotics/robotstudio/downloads,此网址还提供最新版本以及 RobotWare、PowerPac 和相关软件资料文件下载。

1.4.3 RobotStudio 的安装

RobotStudio 6.X 对计算机配置要求见表 1-2。

ABB 工业机器人虚拟仿真与离线编程

表 1-2

硬　件	要　　求
CPU	I5 或以上
内存	2GB 或以上
硬盘	空闲 20GB 以上
显卡	独立显卡
操作系统	Windows7 或以上

RobotStudio 的安装步骤如图 1-10 至图 1-18 所示：1 双击【setup.exe】—2 选择【中文（简体）】并确定—3 单击【下一步】—4 接受协议单击【下一步】—5 单击【接受】—6 单击【下一步】—7 选择【完整安装】并单击【下一步】—8 单击【安装】—9 单击【完成】。图 1-19 为安装后桌面生成的图标。

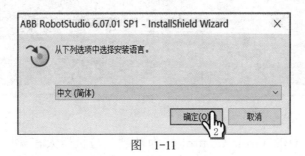

图　1-10

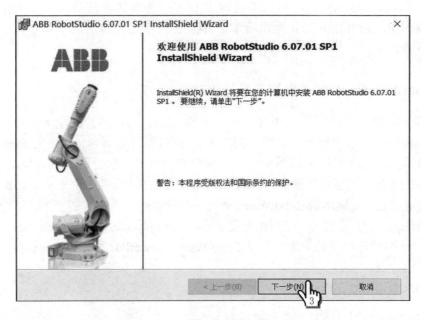

图　1-11

图　1-12

第 1 章　虚拟仿真与离线编程技术概述

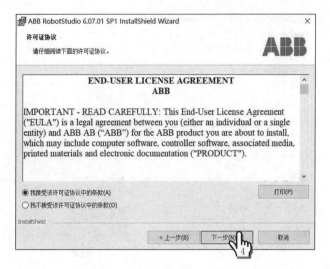

图　1-13

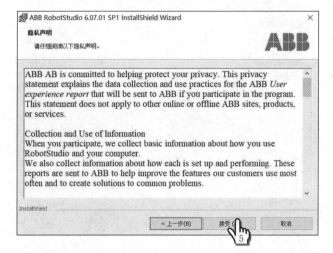

图　1-14

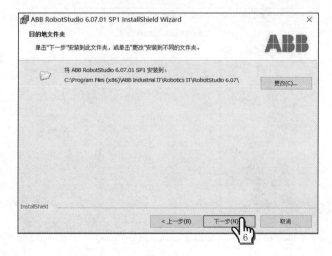

图　1-15

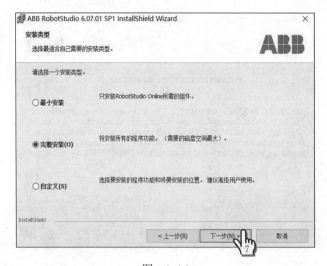

图 1-16

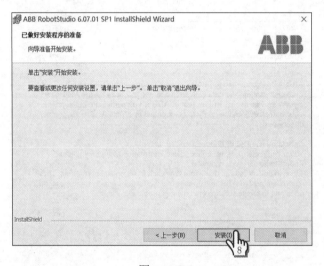

图 1-17

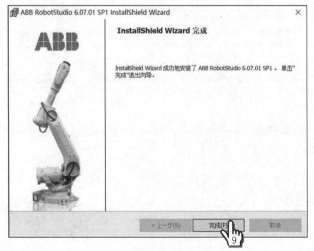

图 1-18

第 1 章 虚拟仿真与离线编程技术概述

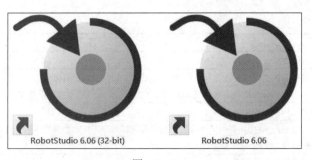

图 1-19

小贴士

1. 由于 RobotStudio 软件对中文不具有识别性，安装目录里不要有中文，就算在中文目录中能够正常安装，在后期的使用过程中也会出现报错，影响使用。
2. 安装前关闭计算机防火墙、退出安全软件，防止 RobotStudio 软件的相关组件被误杀，导致安装失败。

1.4.4 RobotStudio 的软件界面

RobotStudio 软件拥有七个主功能选项卡，包含文件、基本、建模、仿真、控制器、RAPID、Add-Ins。

1）"文件"选项卡，会打开 RobotStudio 后台视图，其中显示当前活动的工作站的信息和原数据、列出最近打开的工作站并提供一系列用户选项（创建新工作站、连接到控制器等），如图 1-20 所示，详细介绍见表 1-3。

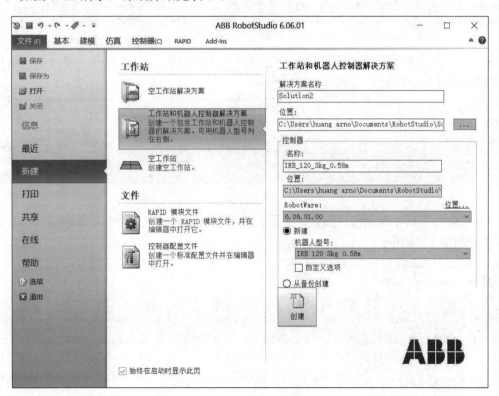

图 1-20

表 1-3

选 项	说 明
保存／另存为	保存工作站
打开	打开保存的工作站。在打开或保存工作站时，选择加载几何体选项，否则几何体会被永久删除 若针对一台虚拟控制器来改变 RobotWare 选项，则选择重置虚拟控制器（I-start）以激活此类改变
关闭	关闭工作站
信息	RobotStudio 中打开某个工作站后，此选项将显示该工作站的属性，以及作为打开工作站的一部分机器人系统和库文件
最近	显示最近访问的工作站
新建	创建新工作站
打印	打印活动窗口中的内容
共享	与其他人共享数据
在线	连接到控制器
帮助	有关 RobotStudio 安装和许可授权的信息
选项	显示有关 RobotStudio 选项的信息
退出	关闭 RobotStudio

2)"基本"选项卡包含构建工作站，创建系统，编辑路径、基本设置及摆放项目所需的控件，如图 1-21 所示。

图 1-21

3)"建模"选项卡上的控件可以进行创建及分组组件、创建部件、测量以及进行与 CAD 相关的操作，如图 1-22 所示。

图 1-22

4)"仿真"选项卡上包括创建、配置、仿真控制、监控、信号分析器和记录仿真的相关控件，如图 1-23 所示。

图 1-23

5)"控制器"选项卡包含用于管理真实控制器的控制措施，以及用于虚拟控制器的同步、配置和分配给它的任务的控制措施，如图 1-24 所示。

第 1 章 虚拟仿真与离线编程技术概述

图 1-24

6)"RAPID"选项卡提供了用于创建、编辑和管理 RAPID 程序的工具和功能。可以管理真实控制器上的在线 RAPID 程序、虚拟控制器上的离线 RAPID 程序或者不隶属于某个系统的单机程序,如图 1-25 所示。

图 1-25

7)"Add-Ins"选项卡包含 RobotApps 社区、RobotWare、齿轮箱热量预测的相关控件,RobotApps 社区可以下载各种版本的 Robot 软件,很实用,如图 1-26 所示。

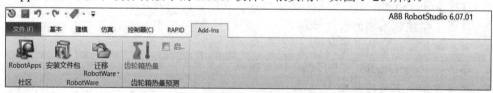

图 1-26

> **小贴士** 关于 RobotStudio 软件更详细的界面介绍,也可以查询软件自带的操作手册,具体方法为:单击【文件】选项卡—【帮助】—【RobotStudio 帮助】,即可查看。

课后习题

(1)以下的四个离线编程软件中,(   )是国产软件。
  A. RobotStudio   B. Robotmaster   C. ROBOGUIDE   D. RobotArt

(2)关于离线编程的特点描述中,不正确的是(   )。
  A. 编程时机器人需停止工作   B. 需要机器人系统和工作环境的图形模型
  C. 可以实现复杂运行轨迹的编程   D. 通过虚拟仿真技术调试程序

(3)RobotStudio 软件是_____公司专门开发的工业机器人离线编程软件。

(4)RobotStudio 软件的安装对操作系统的要求是_____。

(5)RobotStudio 软件拥有七个主功能选项卡,分别是:_____、_____、_____、_____、_____、_____、_____。

(6)简述工业机器人虚拟仿真与离线编程技术的应用领域,至少说出 5 个。

(7)简述 RobotStudio 软件安装前需注意的事项。

第 2 章

简易虚拟仿真工作站的创建

⊃ 知识要点

1. RobotStudio 软件建模功能
2. 创建虚拟控制系统的步骤
3. 虚拟工作站的基本操作
4. 虚拟工作站 I/O 配置及 RAPID 编程
5. 虚拟仿真功能认知

⊃ 技能目标

1. 掌握 RobotStudio 软件预定义模型和第三方模型的加载方法
2. 掌握虚拟控制系统的创建步骤
3. 熟悉虚拟工作站的基本操作
4. 掌握在 RobotStudio 上进行编程的步骤
5. 掌握虚拟仿真功能的操作

2.1 构建虚拟工作站

2.1.1 加载机器人本体等模型库中的模型

离线编程软件 RobotStudio 拥有预定义的模型库,其中包含机器人本体、变位机、导轨、IRC5 控制柜、弧焊设备、输送链以及其他一些常用工具设备模型。通过 RobotStudio 自带的模型库可以快速构建简易的虚拟工作站。本小节学习如何加载模型库中的模型。

1. 系统自带库

在"基本"主选项卡中有"ABB 模型库"和"导入模型库"两个子选项卡,RobotStudio 软件预定义的模型就存放在其中。机器人本体、变位机、导轨等模型可以在"ABB 模型库"中找到,模型示图如图 2-1 所示,其他预定义的模型可以在"导入模型库—设备"中找到,模型示图如图 2-2 所示。

下面以从模型库中建立一个包含机器人本体、工作台、焊枪的简易工作站布局为例进行学习。步骤为:1 在"文件"选项卡中单击【新建】—2 选中【空工作站】—3 单击【创建】—4 在"基本"选项卡中单击【ABB 模型库】—5 选中【IRB 1200】—6 选择需要的【容量】—7 单击【确定】—8 单击【导入模型库】—9 单击【设备】—10 选择工具【myTool】—11 选择工件【propeller table】—12 右击布局栏中的【MyTool】—13 单击【安装到】—14 单

第 2 章　简易虚拟仿真工作站的创建

击【IRB1200_5_90_STD_02（T_ROB1）】—15 单击【是】，如图 2-3 ～图 2-8 所示。

图　2-1

图　2-2

ABB 工业机器人虚拟仿真与离线编程

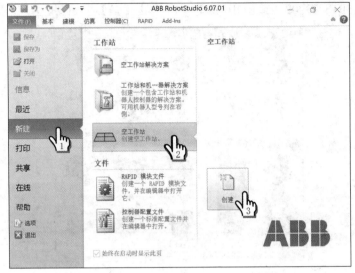

图　2-3

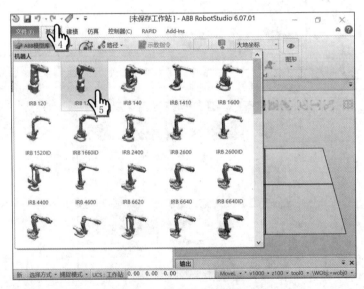

图　2-4

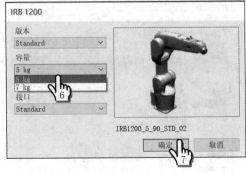

图　2-5

第 2 章 简易虚拟仿真工作站的创建

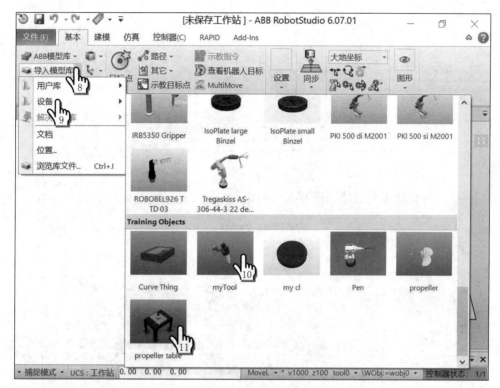

图 2-6

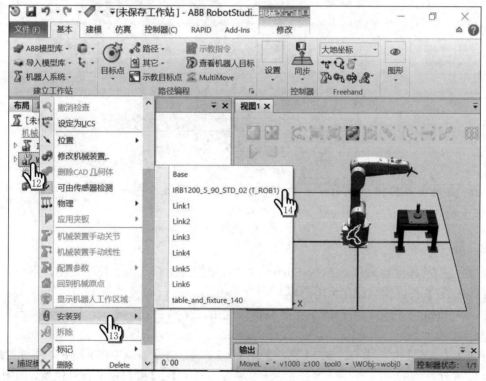

图 2-7

图 2-8

图 2-9 为 MyTool 工具安装到机器人后的情形。

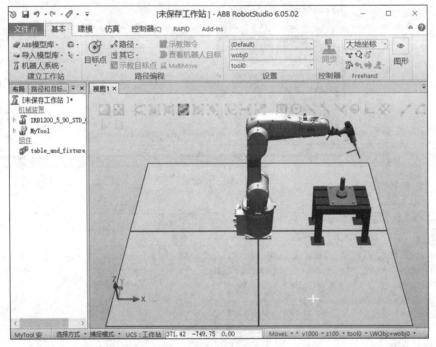

图 2-9

小贴士　　直接用鼠标拖动布局栏中的 MyTool 图标至机器人图标上也可以实现工具的快速安装。

2. 用户库

前面使用的模型都来自于 RobotStudio 软件自带的模型库，为了使用方便，用户也可以把来自第三方软件的模型保存至用户库。

RobotStudio 所使用的用户库与当前设定的"用户文档位置"相关，"用户文档位置"查看及设定步骤如下：

1 进入【文件】主选项卡，单击【选项】命令—2 在【选项】窗口中，单击【文件与文件夹】命令，即可查看"用户文档位置"所在目录—3 单击右边的【...】可自定义目录位置，如图 2-10 所示。

第 2 章 简易虚拟仿真工作站的创建

图 2-10

> **小贴士** 所指定的用户库文件夹路径不能包含中文，否则 RobotStudio 无法识别该路径，无法对指定的文件夹进行读写操作。

被保存为库文件的模型存放在"用户文档位置"的"Libraries"文件夹中，库文件的格式扩展名为"*.rslib"。图 2-11 为编著者计算机中"Libraries"文件夹的详细路径，此时编著者的用户库中已有 6 个库文件。

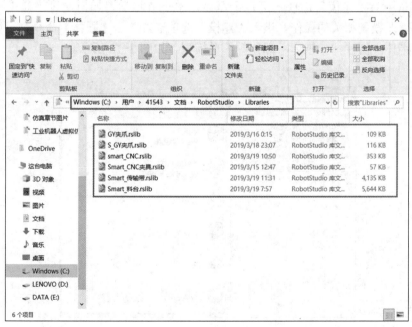

图 2-11

如图 2-12 所示，通过依次单击 RobotStudio 的【基本】选项卡—【导入模型库】—【用户库】可以预览和调用这 6 个库文件。读者可以将常用的几何模型保存为库文件，这样可以有效提高工作效率。

图 2-12

2.1.2 模型创建与模型属性

在第 1 章中对"建模"选项卡进行了概述，本小节将学习如何通过"建模"选项卡创建简单模型以及模型相关的操作。进入"建模"选项卡，单击【固体】命令，可以创建包括矩形体、圆锥体、圆柱体、锥体、球体等简单模型，如图 2-13 所示。

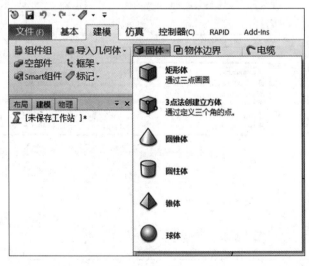

图 2-13

第 2 章 简易虚拟仿真工作站的创建

1. 模型的创建

下面通过"建模"选项卡创建一个圆柱体和一个圆锥体介绍相关操作。创建步骤为：1 单击【圆柱体】命令—2 设定圆柱体半径和高度—3 单击【创建】命令—4～6 用相同方法创建一个圆锥体，如图 2-14～图 2-17 所示。创建完成的模型如图 2-18 所示，因为创建时【基座中心点】和【方向】使用默认值（0.00，0.00，0.00），所以圆柱体和圆锥体都将创建于大地坐标原点。如果希望创建模型时就设定模型的位置及摆放方向，则可以在图 2-15 所示步骤时在【基座中心点】中进行参数设定。

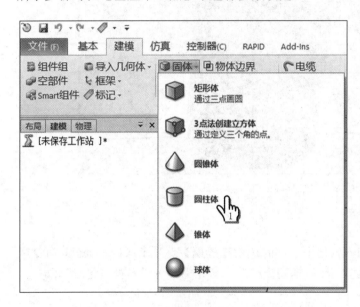

图 2-14

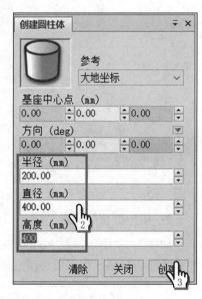

图 2-15

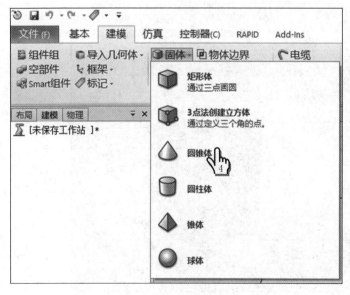

图 2-16

图 2-17

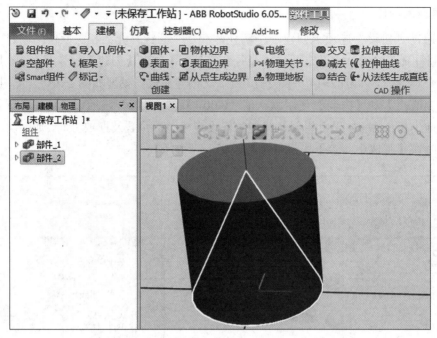

图 2-18

2. 模型位置的设定

如图 2-19 所示,在 RobotStudio 软件中,同时选中【建模】选项卡【Freehand】命令组中的【移动】命令和需要移动的模型,然后拖动模型的十字光标,可以对模型进行移动。

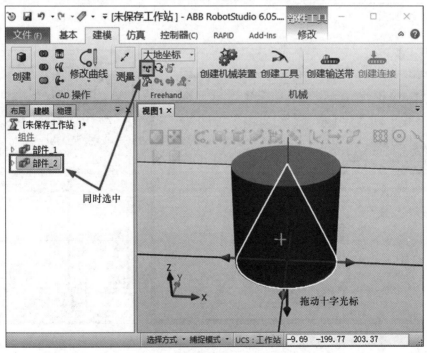

图 2-19

第 2 章 简易虚拟仿真工作站的创建

如果要准确放置组件，可以使用 RobotStudio 的"位置"功能。右击要移动的模型，在弹出的快捷菜单中选择【位置】—【设定位置...】，即可在弹出的位置窗口对模型的位置进行精确设定，如图 2-20 所示，其他关于模型位置设定的相关命令说明见表 2-1。

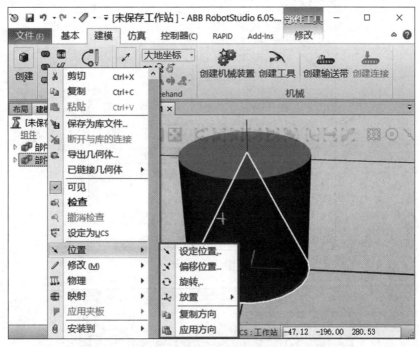

图 2-20

表 2-1

命令名称	说明
设定位置	通过直接输入位置值的方式确定模型的放置位置及方向，位置信息支持捕捉工具的使用
偏移位置	通过参考坐标系对模型进行位置偏移、旋转
旋转	根据参考点坐标系的 X、Y、Z 方向进行旋转设定模型位置
放置	通过一个点、两点、三点法、框架、两个框架的方式放置模型
复制方向	把一个模型的方向参数复制到剪贴板中
应用方向	把剪贴板中的模型方向应用到当前选中的模型

（1）使用"设定位置"的方法将圆锥体准确放置到圆柱体上方 具体操作步骤如下：

1）如图 2-21 所示，将光标移动到圆锥体模型，右击，在弹出的快捷菜单中选择【位置】—【设定位置...】。

2）如图 2-22 所示，在【设定位置：圆锥体】参数设置框中，输入位置坐标（0，0，400），单击【应用】，即可完成圆锥体的位置摆放。

在操作步骤 2）时，除了直接输入目标点的坐标值外，还可以通过捕捉工具将特征点的坐标值自动填入位置输入框。

使用捕捉工具获取坐标值的操作步骤如下：

1）单击捕捉中心命令图标，使其加亮显示，此时中心捕捉功能为激活状态，如图 2-23 所示。

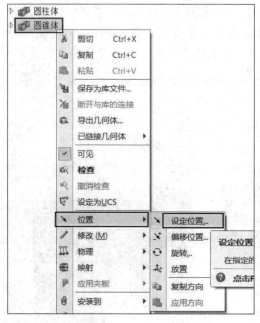

图 2-21

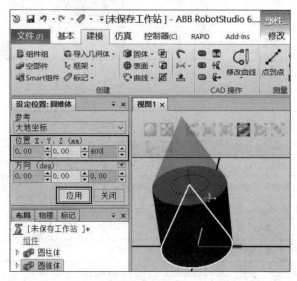

图 2-22

图 2-23

2）将鼠标指针移动至位置输入框处单击，使位置输入框中出现输入光标，如图 2-24 所示。

第 2 章　简易虚拟仿真工作站的创建

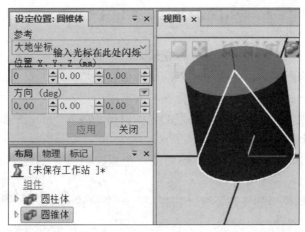

图　2-24

3）将鼠标移动至圆柱上端面圆心位置附近，当圆心位置出现灰色小球时，单击，此时圆柱体上端面圆心的坐标值会自动填入圆锥体的位置输入框中，如图 2-25 所示。

（2）使用"偏移位置"的方法将圆锥体放置到圆柱体正上方　具体操作步骤如下：

图　2-25

1）计算偏移值。通过前面已经知道，在大地坐标系下，圆锥体的初始坐标值是（0.00，0.00，0.00），放置后的位置坐标值是（0.00，0.00，400.00），所以圆锥体朝大地坐标系 Z 轴方向偏移了 400mm。

2）在圆锥体模型上右击，单击【位置】—【偏移位置】，进入偏移位置参数设置窗口后，在【Translation】输入框中输入（0，0，400），单击【应用】命令完成放置，如图 2-26 所示。

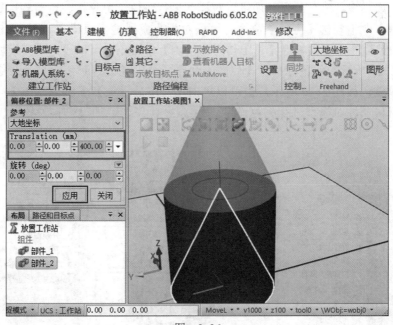

图　2-26

（3）使用"放置"的方法将圆锥体放置到圆柱体正上方　具体操作步骤如下：

1）在圆锥体模型上右击，单击【位置】—【放置】—【一点】，进入放置对象参数设置窗口。
2）激活"捕捉中点"工具。
3）激活"主点—从"输入框，使光标在输入框中闪烁。
4）捕捉圆锥体底面中心，使得中心点的坐标值自动填入"主点—从"输入框中。
5）激活"主点—到"输入框，使光标在输入框中闪烁。
6）捕捉圆柱体顶面中心，使得中心点的坐标值自动填入"主点—到"输入框中。
7）单击【应用】完成放置。

"放置"功能包含 5 种放置方法，分别是一个点、两点、三点法、框架、两个框架，如图 2-27 所示。

"一个点"：保持模型的姿态不变，将模型从一个位置移到另一个位置。

"两点"：对模型进行一次旋转，使得两个"主点—从"的连线与两个"主点—到"的连线平行，然后再平移模型使得各个"从点"与对应的"到点"重合。

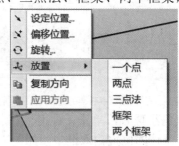

图 2-27

"三点法"：对模型进行两次旋转，使得每两个"主点—从"的连线与对应的两个"主点—到"的连线平行，然后再平移模型使得各个"从点"与对应的"到点"重合。

"框架"：从一个位置移动到目标位置或框架位置，同时根据框架的方位更改对象的方位，对象位置随终点坐标系的方位改变。

"两个框架"：由一个相关联的坐标系移动到另外的坐标系。

3. 模型颜色、可见性、可检测性设定

为了便于增强视觉感官效果，还可以对模型进行颜色、可见性、可检测性等设定。

右击模型，取消勾选【可见】命令，可以对相应模型进行隐藏，如图 2-28 所示；将鼠标移至【修改】命令，取消勾选【可由传感器检测】子命令，可以设定对应模块不被传感器检测，如图 2-29 所示；将鼠标移至【修改】命令，单击【设定颜色...】子命令，可以设定对应模块的颜色，如图 2-30 所示，也可以单击【图形显示...】子命令，在【应用材料】中选择需要的材料属性对模型进行颜色设定，如图 2-31 所示，通过这种设置可以使模型更具有真实性。

图 2-28

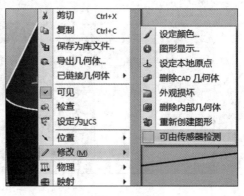

图 2-29

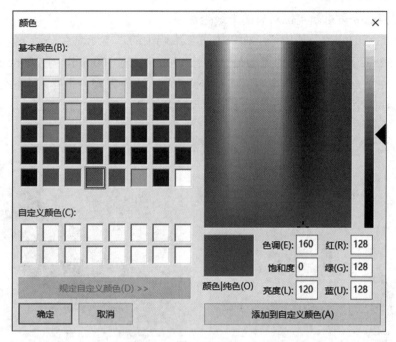

图 2-30

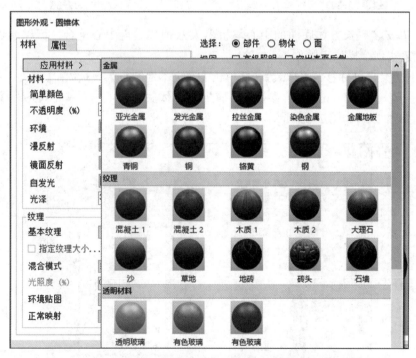

图 2-31

4. 本地原点设定

每个模型都有各自的本地坐标系，对象的尺寸都在此坐标系中定义。如果使用其他坐标系对象作为参考表示位置，则该位置是模型的本地原点在参考坐标系中的坐标值。通过使用设置本地原点命令可重新定位对象的本地坐标系。

关于本地原点的修改及使用，下面以本页二维码中的"本地原点设定.rspag"工作站进行讲解。如图 2-32 所示，左边放置的是一个长 100mm、宽 100mm、高 300mm 的长方体，其本地原点在左下角。把长方体作为工具安装到机器人上会发现，机器人六轴法兰盘上的工具坐标系 tool 0 的坐标原点与长方体的本地原点相互重合，如图 2-33 所示。

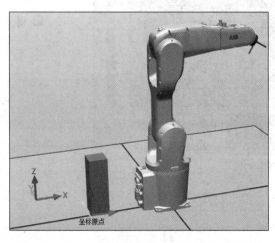 

图 2-32　　　　　　　　　　　　　　　　图 2-33

如果希望安装后长方体底面的中心与机器人六轴法兰盘中心重合，可以通过修改长方体本地原点来实现。操作步骤如下：

1 右击长方体，鼠标移至【修改】—2 单击【设定本地原点】—3 激活【捕捉中心】工具—4 单击【位置 X、Y、Z（mm）】参数—5 捕捉长方体底部中心—6 单击【应用】完成本地原点修改，如图 2-34、图 2-35 所示。

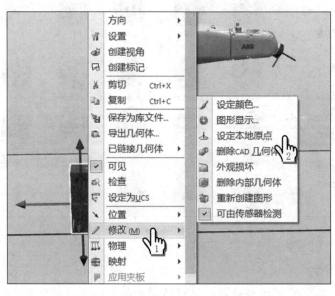

图 2-34

第 2 章 简易虚拟仿真工作站的创建

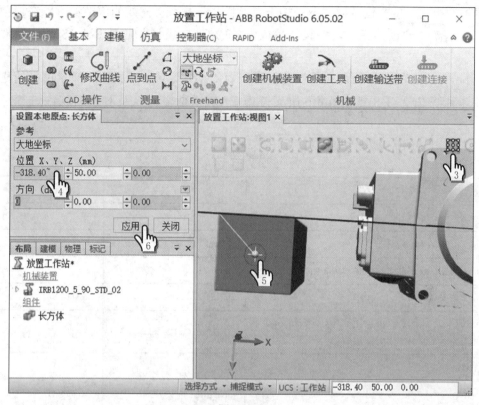

图 2-35

本地原点重新设定后，将长方体安装到机器人六轴并更新其位置，即可得到所期望的安装效果，如图 2-36 所示。

图 2-36

2.1.3 导入第三方软件生成的模型

通过 RobotStudio 软件预定义模型库可以加快虚拟工作站的布局速度，但实际中的生产布局不尽相同，生产设备样式及规格千奇百怪，不是所有需要的模型都可以在模型库中找到，这就需要通过第三方软件设计生成设备的CAD模型并通过RobotStudio软件进行加载。

RobotStudio的"导入几何体"功能可以对CAD模型进行加载，但对模型的格式有一定要求。表2-2对RobotStudio所支持的CAD模型格式以及对应的软件进行了详细说明。

表 2-2

格　式	文件扩展名	所　需　选　件
3DStudio	3ds	—
3DXML，可读版本V4.3	3dxml	CATIA V5
ACIS，可读版本R1～R24，可写版本V6、R10、R18～R25	sat	—
CATIA V4，可读版本4.1.9～4.2.4	model, exp	CATIA V4
CATIA V5/V6，可读版本R8～R25（V5～V6 R2015），可写版本R16～R25（V5～V6R2015）	CATPart, CATProduct, CGR	CATIA V5
COLLADA 1.4.1	dae	—
DXF/DWG，可读版本2.5～2014	dxf, dwg	AutoCAD
GES，可读版本最高5.3版，可写版本5.3版	igs, iges	IGES
Inventor，可读版本V6～V2015	ipt	Inventor
JT，可读版本8.0～9.5	jt	JT
UG，可读版本11～NX 10	prt	UG NX
OBJ	obj	—
Parasolid，可读版本9.0.*.～27.0.*	x_t, x_b, xmt_bin	Parasolid
Pro/E / Creo，可读版本16～Creo 3.0	prt, asm	Pro/ENGINEER
Solid Edge，可读版本V18～ST7	par, asm, psm	SolidEdge
SolidWorks，可读版本V18～ST7	sldprt, sldasm	SolidWorks
STEP，可读版本AP203、AP214（仅支持几何体），可写版本AP214	stp, step, p21	STEP
STL，支持ASCII STL（不支持二进制STL）	stl	—
VDA-FS，可读版本1.0和2.0，可写版本2.0	vda, vdafs	VDA-FS
VRML，可读版本VRML2（不支持VRML1）	wrl, vrml, vrml2	—

RobotStudio的原生3D CAD格式是SAT。RobotStudio中的CAD支持由软件组件ACIS

（2017 1.0.1 版）提供。通过前面的学习，导入工作站的对象可以是几何体，也可以是模型库文件。从根本上讲，几何体就是 CAD 文件。这些文件在导入后可以复制到 RobotStudio 工作站。

模型库文件是指在 RobotStudio 中已另存为外部文件的对象。导入模型库时，将会创建工作站至模型库文件的连接。因此，工作站文件不会像导入几何体时一样增加。此外，除几何数据外，模型库文件可以包含 RobotStudio 特有的数据。例如，如果将工具另存为模型库，工具数据将与 CAD 数据保存在一起。

> **小贴士** 无论是工作站中的模型库文件还是几何体，都可以通过"保存为库文件"和"导出几何体"功能导出文件并分享给其他人。需要注意的是，模型库文件需要先断开与库的连接，才能执行"保存为库文件"操作。

2.1.4 设定系统选项创建虚拟控制系统

本小节学习创建一个简单的虚拟控制器系统，以方便后续对虚拟工作站进行离线编程及仿真等操作。下面以图 2-9 所示的工作站上创建拥有 709-1DeviceNetMaster/Slave 现场总线和 Chinese 选项的虚拟系统为例进行说明。

创建该虚拟工作站的操作步骤：1 单击【机器人系统】—2 单击【从布局...】—3 选择 RobotWare 版本—4 单击【下一个】—5 单击【下一个】—6 单击【选项...】—7 选择【Chinese】和【709-1 DeviceNet Master/Slave】—8 单击【确定】—9 单击【完成】即开始创建系统，如图 2-37～图 2-42 所示。

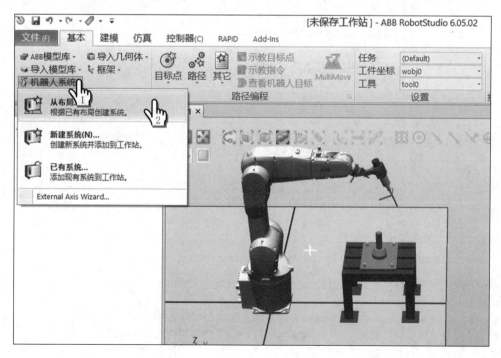

图 2-37

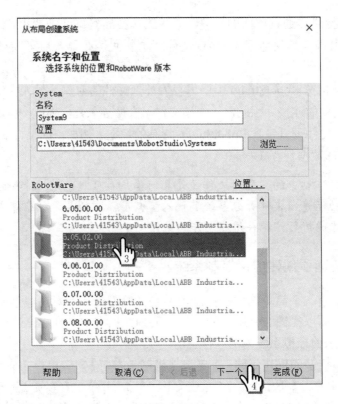

图 2-38

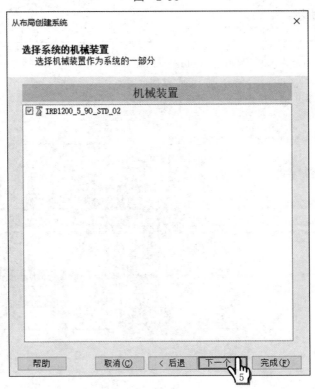

图 2-39

第 2 章 简易虚拟仿真工作站的创建

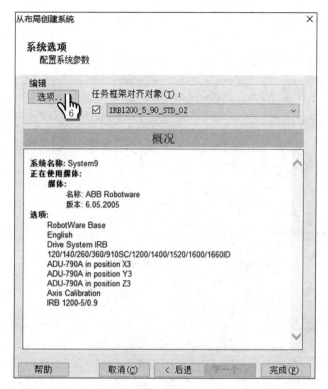

图 2-40

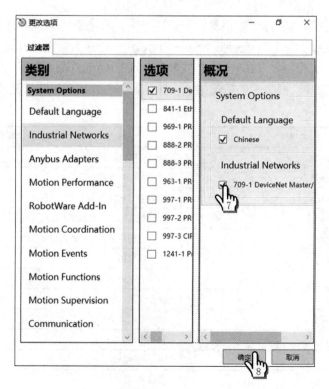

图 2-41

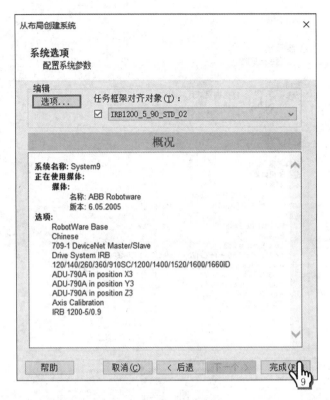

图 2-42

创建系统时对选项的选择需要根据实际情况确定，有的选项必须搭配硬件使用，所以需确保已采购相关硬件。709-1 DeviceNet Master/Slave 是一个最为常见的现场总线选项。如果要使用区域检测（WorldZones）功能，则需要选择 608-1 WorldZones 选项；如果要进行焊接，633-4 Arc 选项必不可少，同时需要搭配相关硬件。表 2-3 介绍了一些常见的选项功能。

表 2-3

选 项 名 称	选 项 说 明
709-1 DeviceNet Master/Slave	DeviceNet 现场总线
841-1 EtherNet/IP Scanner/Adapter	EtherNet/IP 协议通信
687-1AdvancedRobotMotion	改善动力学性能激光切割必备
604-1MultiMoveCoordinated	一台控制柜下多台机器人协同工作
604-2MultiMoveIndependent	一台控制柜下多台机器人独立工作
608-1WorldZones	工作区监控
610-1IndependentAxis	机器人或外部轴无限转
611-1PathRecovery	路径恢复
885-1SoftMove	软伺服
613-1CollisionDetection	碰撞检测
616-1PCInterface	PC 通信接口
623-1Multitasking	多任务
633-4 Arc	焊接应用基本选项

2.2 虚拟工作站的基本操作

2.2.1 图形窗口的基本操作

1. 视窗的鼠标键盘操作

1）缩放：滚动鼠标中键。
2）平移：Ctrl+ 鼠标左键 + 拖拽滚轮。
3）旋转：Ctrl+Shift+ 鼠标左键 + 拖拽滚轮。

2. 捕捉、选择、测量等工具使用

图形窗口的常用操作都汇集在图形窗口的上方，如图 2-43 所示，其中包含视图查看、选择捕捉、测量等操作工具，表 2-4 对它们进行了简单介绍。

这些工具之间往往是搭配使用，图 2-44 是扫描二维码下载的"双层料台 .rslib"库文件，要测量其中托盘的长度，可以通过同时选中选择部件" "、捕捉末端" "、点到点测量" "这三个操作工具进行测量。

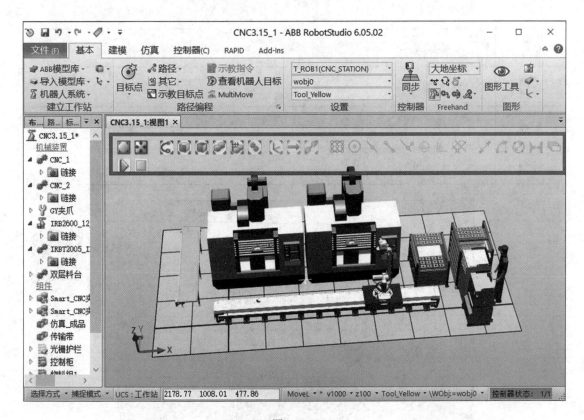

图 2-43

表 2-4

捕捉工具		选择工具	
图形符号	说明	图形符号	说明
◎	捕捉中心		选择曲线
	捕捉中点		选择表面
	捕捉末端		选择物体
	捕捉边缘		选择部件
	捕捉本地原点		选择目标点/框架
	捕捉对象		选择机械装置
测量工具		其他工具	
图形符号	说明	图形符号	说明
	测量两点的距离		查看工作站全部对象
	测量角度		设置旋转视图的中心
	测量圆的直径	▷	开始仿真
	测量最短距离		停止和复位仿真
	测量结果保存		

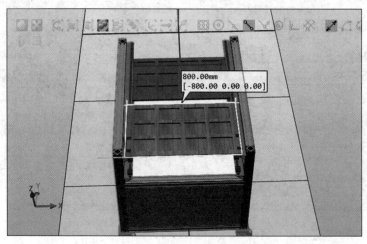

图 2-44

2.2.2 虚拟控制器的相关操作

RobotStudio 软件控制器选项卡包含多个用于管理真实机器人控制系统和虚拟机器人控制系统的工具命令。本小节学习如何通过虚拟控制器对工作站系统进行重启、备份/恢复、操作模式设定、系统属性查看等相关操作。

1. 重启系统

在【控制器】选项卡，展开【重启】下拉列表，选择相应的重启方式即可对系统进行重启，如图 2-45 所示。

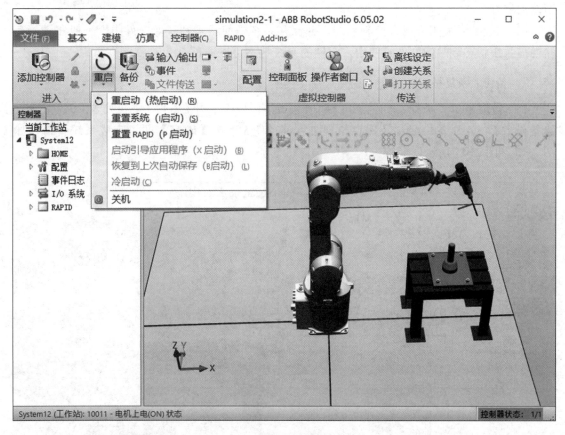

图 2-45

（1）重启动　又称热启动，重启动并使用当前系统。特点为：当前系统将停止运行后所有系统参数和程序保存到一个映像文件中；重启过程中系统状态将得到恢复，静态和半静态任务将启动；程序可从停止点启动。以此方法重启会激活所有的配置更改。热启动一般在更改系统配置文件后，需要让系统配置修改立即生效时使用。

（2）重置系统　又称 I 启动，使用原始安装设置重新启动。特点为：所有的系统配置将会还原成出厂设置，所有的 RAPID 程序将会删除，系统将返回出厂时的原始状态。重置系统一般用于将原有的机器人工作站改造升级、新的机器人工作站系统重新配置和 RAPID 程序重新编写时。

（3）重置 RAPID　又称 P 启动，是会清除所有的 RAPID 程序的重启。特点为：控制器内的所有 RAPID 程序被删除；静态和半静态的任务将会重新执行，而不是从系统停止时的状态执行；系统参数不受影响。P 启动一般用于需要彻底重新编写 RAPID 程序时，以此方法重启可以快速地删除所有的 RAPID 程序。

（4）恢复到上次自动保存　又称 B 启动，重新启动之后，系统将使用上次成功关机的映像文件的备份。特点是：在该次成功关机之后对系统所做的全部更改都将丢失；在控制器没有因为映像文件损坏而处于系统故障模式时，使用 B 启动与正常的热启动相同。B 启动一般用于系统已损坏或者丢失的映像文件启动，处于系统故障模式，并且在事件日志中显示错误消息时。

（5）关机　关闭机器人控制系统，并保存系统当前状态到映像文件中。一般在希望存储当前系统状态到映像文件时使用。存储的系统状态可以通过 B 启动得到恢复。

2. 备份/恢复系统

（1）备份系统　步骤为：1 单击【控制器】选项卡—2 展开【备份】下拉列表—3 单击【创建备份...】—4 对备份名称及保存位置进行修改—5 单击【确定】即可完成系统备份，如图 2-46、图 2-47 所示。

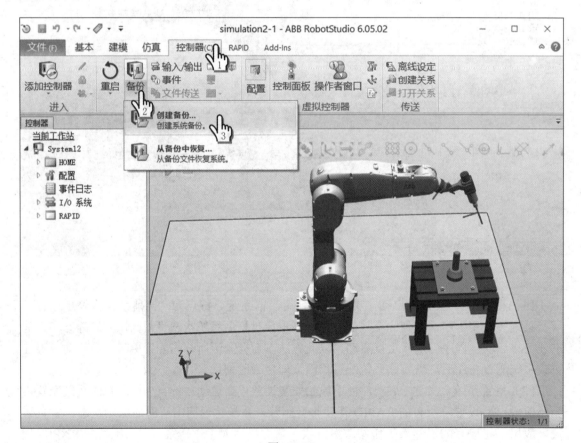

图　2-46

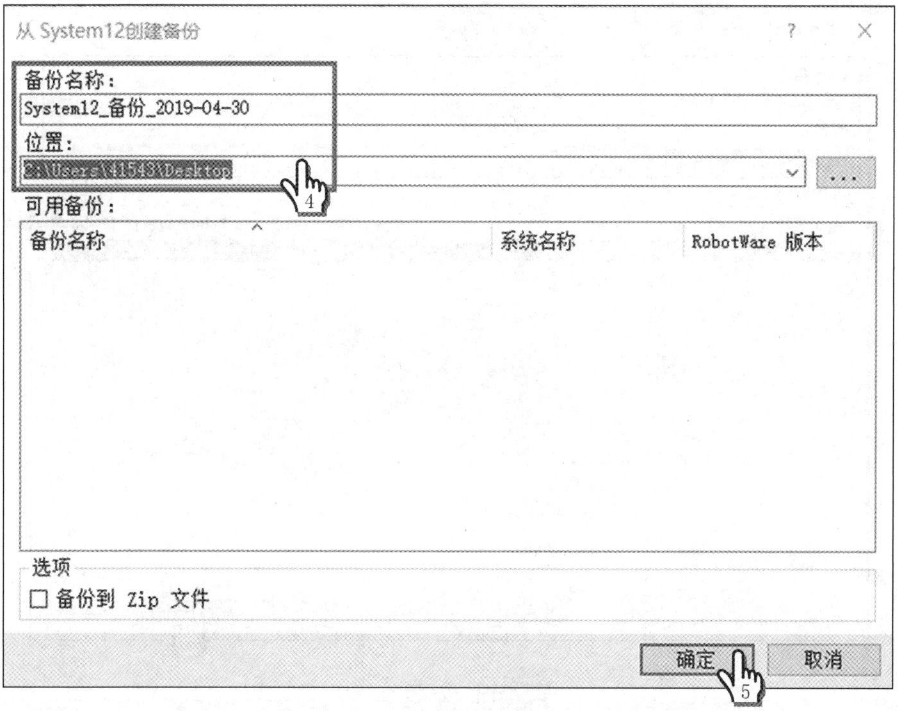

图 2-47

（2）恢复系统　步骤为：1 单击【控制器】选项卡—2 展开【备份】下拉列表—3 单击【从备份中恢复...】—4 从备份保存的目录中选择需要恢复的备份—5 单击【确定】即可完成系统恢复，如图 2-48、图 2-49 所示。

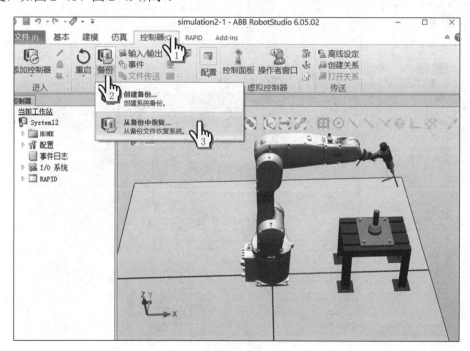

图 2-48

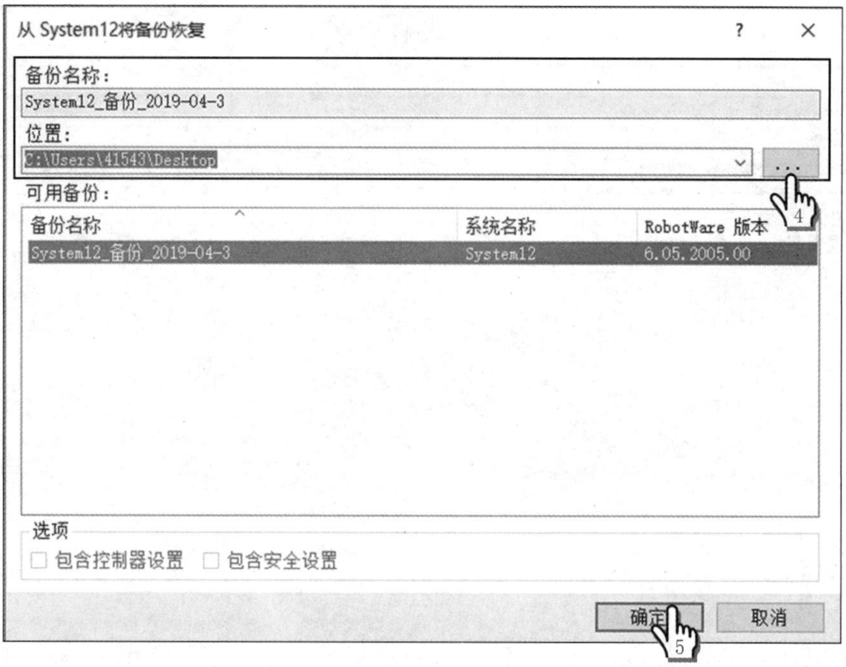

图 2-49

3. 操作模式设定

通过【控制器】选项卡中的【控制面板】命令，可以快速地实现工作站系统的自动、手动、手动全速模式的操作模式切换，并且可以进行上电/复位、急停操作。操作方法：1 单击【控制器】选项卡—2 单击【控制面板】命令—3 在【控制面板】窗口选择需要的操作命令，如图2-50所示。通过【控制器】选项卡可以实现与示教器一样的功能，非常方便。

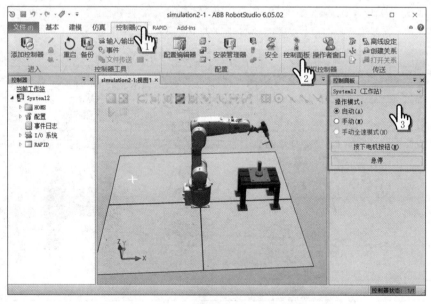

图 2-50

第 2 章 简易虚拟仿真工作站的创建

4. 系统属性查看

"控制器"选项卡还提供系统属性查看功能,通过此功能,可以查询序列号、RobotWare 版本、控制模块选项、驱动模块选项等信息。操作方法:1 单击【控制器】选项卡—2 展开【属性】下拉列表—3 单击【控制器和系统属性】即可进入查看窗口,如图 2-51 所示。图 2-52 展示了可查看的系统属性项目。

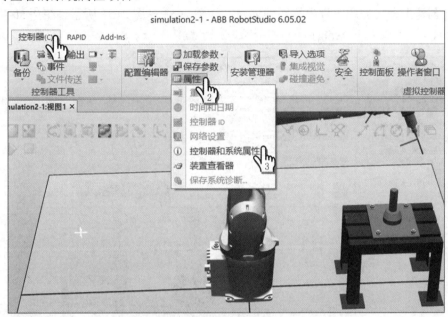

图 2-51

图 2-52

2.3 工作站配置与编程

2.3.1 在 RobotStudio 上创建轨迹路径程序

1. 工件坐标系的创建

扫描并下载上面二维码中的"工件坐标系创建.rspag"工作站,以"用户三点法"在桌面创建一个名为 Wobj1 的工件坐标系为例进行说明。

创建步骤：1 单击【基本】选项卡—2 展开【其它】命令的下拉列表—3 单击【创建工件坐标】命令—4 更改名称为 Wobj1—5 单击【取点创建框架】命令—6 选中【三点】创建法—7 激活工具坐标系 MyTool—8 激活捕捉末端工具—9 对应捕捉 X1、X2、Y1 三个点的坐标值到 X 轴上的第一个点、X 轴上的第二个点、Y 轴上的点输入框中—10 单击【Accept】命令—11 单击【创建】即可完成工件坐标系的创建，如图 2-53～图 2-55 所示。图 2-56 展示了已被创建完成的工件坐标系 Wobj1。

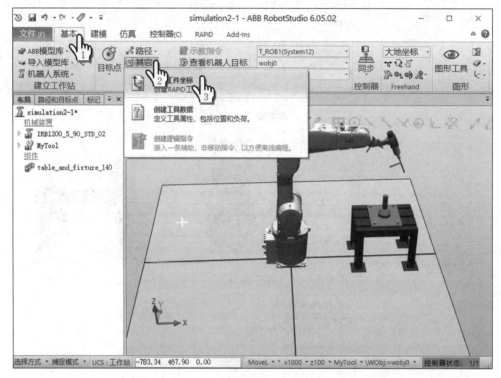

图 2-53

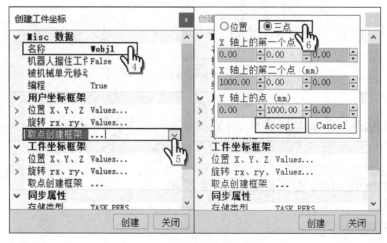

图 2-54

第 2 章　简易虚拟仿真工作站的创建

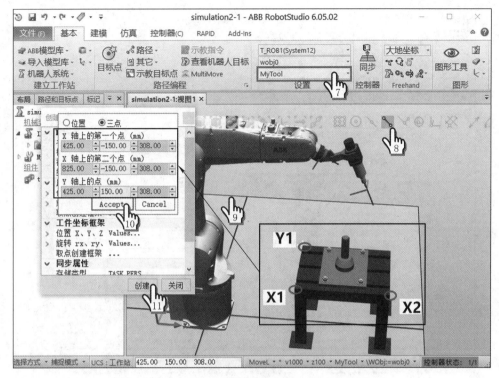

图　2-55

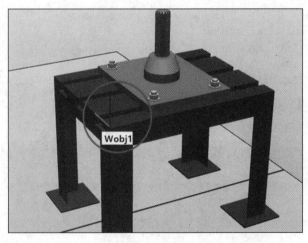

图　2-56

2. 目标点的创建

在 RobotStudio 中，目标点的创建有两种方法，一个是创建目标点，另一个是示教目标点。下面以桌面 4 个角点来创建目标点进行说明。

（1）创建目标点　创建步骤：1 单击【基本】选项卡—2 展开【目标点】命令的下拉列表—3 单击【创建目标】命令，进入参数设定窗口—4 根据需要设定目标点名称、工件坐标等参数—5 单击【位置（mm）】参数输入框—6 通过捕捉工具捕捉物料盘 4 个角点为目标点—7 单击【创建】即完成目标点创建，如图 2-57、图 2-58 所示。

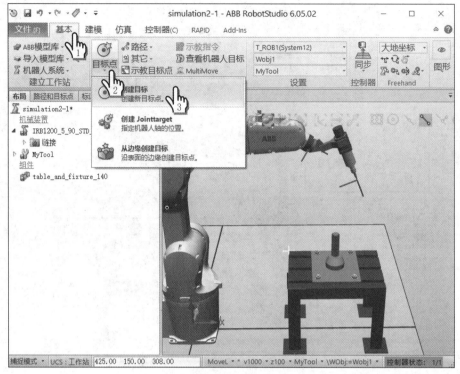

图 2-57

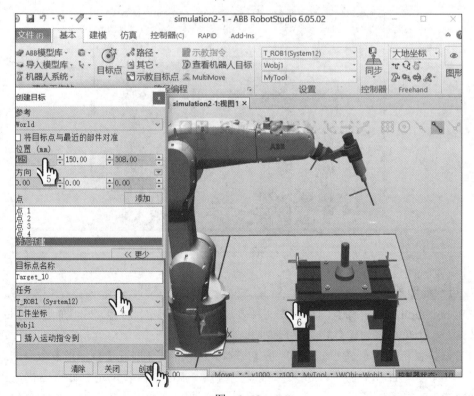

图 2-58

如果在路径和目标点栏中看到创建的目标点带有一个黄色的三角感叹号,如图2-59所示，是配置参数未认证。同时通过查看目标点工具命令，可以看到机器人达到目标点的姿态不合理，如图 2-60 所示。

注意

RobotStudio 6.06 以上版本没有黄色的三角感叹号，操作上与之前的版本略微有些差别。

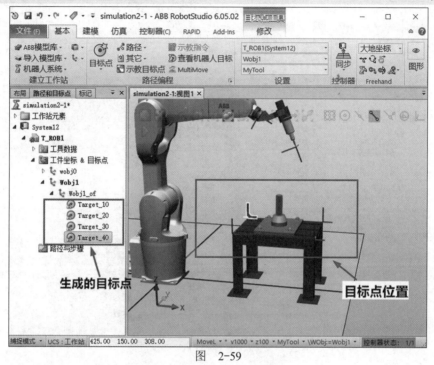

图 2-59

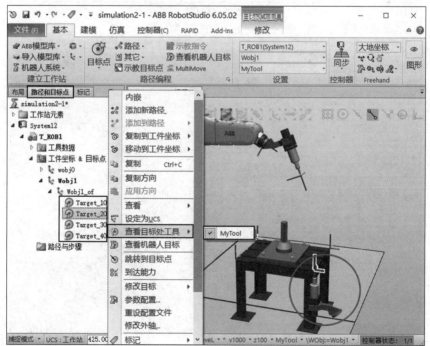

图 2-60

ABB 工业机器人虚拟仿真与离线编程

轴配置参数设定会在后面"轨迹路径的创建"进行讲解。先学习如何修改目标点处的工具姿态，以符合实际需求。具体操作步骤：1 在需要修改的目标点处右击（以目标点 Target_10 为例），展开【修改目标】命令的下拉列表—2 选择【旋转…】命令，进入旋转设定窗口—3 选择绕本地坐标系 Y 轴旋转 180°—4 单击【应用】完成设定，如图 2-61、图 2-62 所示。

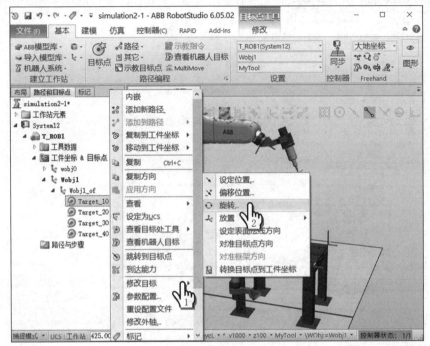

图 2-61

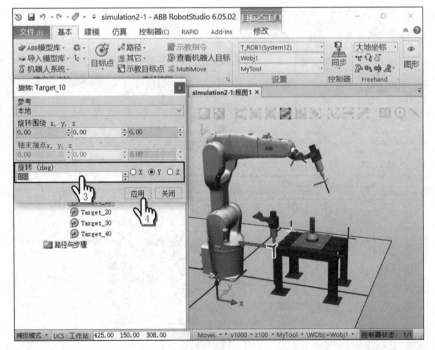

图 2-62

其他三个目标点的工具姿态可以根据目标点 Target_10 快速设定。具体步骤：1 右击目标点【Target_10】—2 单击【复制方向】命令—3 同时选中【Target_20】~【Target_40】并右击—4 单击【应用方向】即可完成设定，如图 2-63、图 2-64 所示。图 2-65 展示了三个目标点调整后的工具姿态。

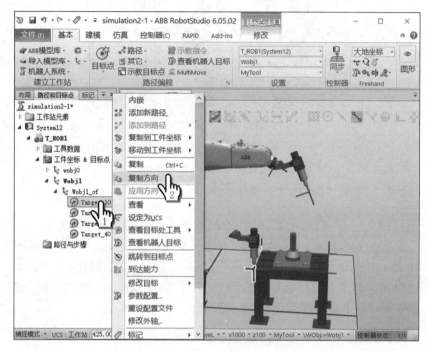

图 2-63

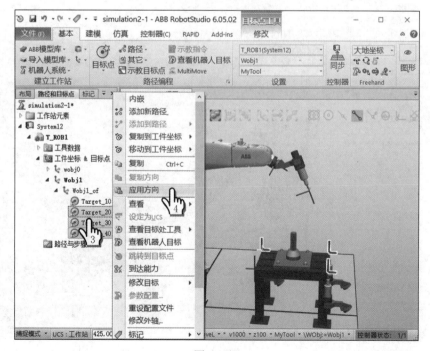

图 2-64

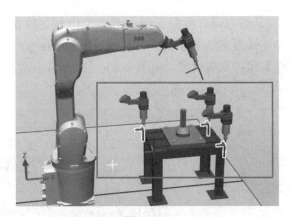

图 2-65

> 小贴士
> 1. 右击目标点，通过【达到能力】命令可以检查目标点机器人能否到达。
> 2. 右击目标点/指令还可以执行复制、粘贴及修改等操作，非常方便。

（2）示教目标点　示教目标点即以机器人TCP点的当前位置创建目标点，通过此方法创建的目标点配置参数已确定。创建步骤：1 选择参考坐标系及工具—2 通过捕捉工具捕捉桌面的一个角点—3 单击【示教目标点】命令即可完成目标点的创建，如图2-66所示。用同样的方法可以示教其余3个目标点。从图2-67可以看出通过示教的方法创建的目标点没有黄色三角感叹号，这表明轴配置参数已确定。

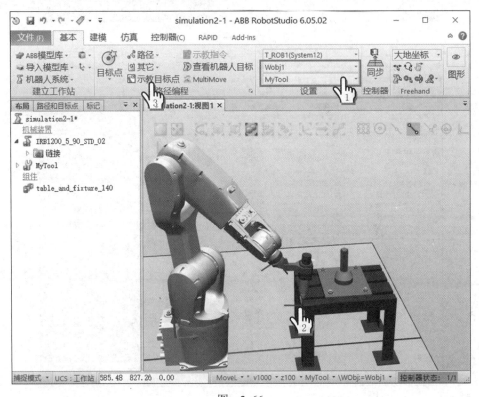

图 2-66

第 2 章 简易虚拟仿真工作站的创建

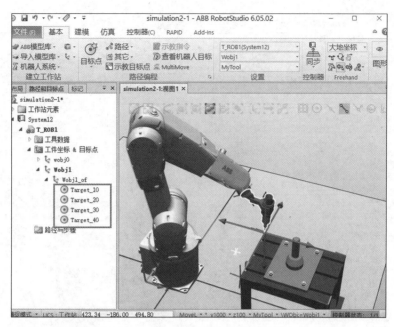

图 2-67

3. 轨迹路径的创建

下面以创建一个以 Target_10～Target_40 四个点为顶点的矩形轨迹为例演示轨迹路径的创建方法。操作步骤：1 在状态栏选定适合的运动指令参数—2 选中【Target_10】～【Target_40】四个目标点并右击—3 单击【添加新路径...】命令—4 右击生成的【Path_10】路径—5 鼠标移至【配置参数】命令，单击【自动配置】命令—6 选择轴配置参数，选择【Cfg1(-1,0,-1,0)】—7 单击【应用】完成路径的创建，如图 2-68～图 2-70 所示。图 2-70 中展示了创建完成的路径 Path_10。

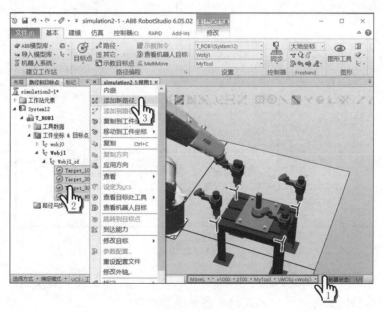

图 2-68

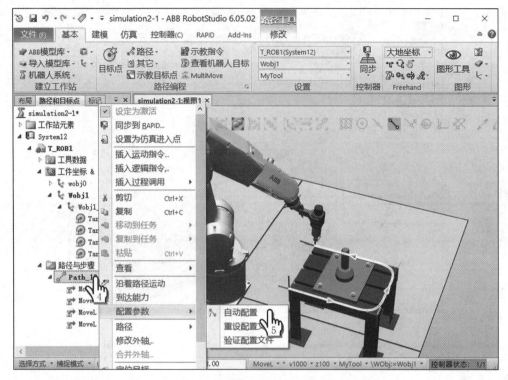

图 2-69

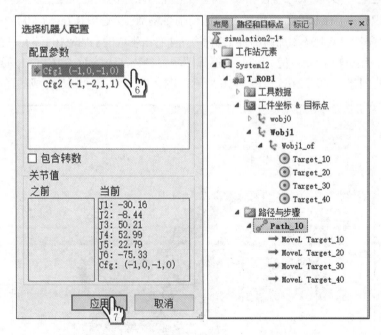

图 2-70

图 2-70 中,【之前】表示目标点原先配置对应的各关节轴度数;【当前】表示当前选择的轴配置参数对应的目标点各关节轴度数。

当存在多个可供选择的配置参数时,选择各关节轴度数变化最少的为佳。

第 2 章 简易虚拟仿真工作站的创建

在 RobotStudio 中，为保证虚拟控制器中的数据与工作站数据一致，需要将虚拟控制器与工作站数据进行同步。当在工作站中修改数据后，需要执行"同步到 RAPID"；反之则需要执行"同步到工作站"。

在"Path_10"路径生成后，需要同步到 RAPID 才能进行仿真等操作。操作步骤：1 单击【基本】选项卡—2 展开【同步】命令下拉列表—3 单击【同步到 RAPID...】命令—4 勾选需要同步的项目—5 单击【确定】完成同步，如图 2-71、图 2-72 所示。

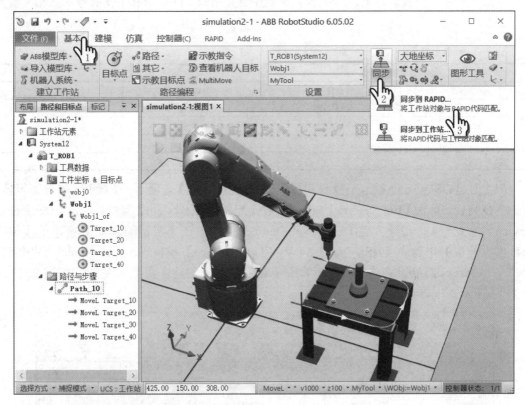

图 2-71

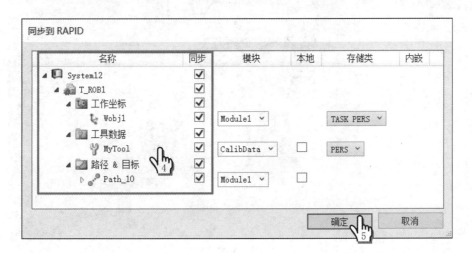

图 2-72

2.3.2 在 RobotStudio 上进行 I/O 配置

使用 RobotStudio【控制器】选项卡中的【配置编辑器】命令可以查看和编辑机器人控制器的"Communication""Controller""I/O System""Man-Machine Communication""Motion"五个参数。

本小节以在 RobotStudio 进行 I/O System 参数配置为例,介绍【配置编辑器】命令的使用方法。通过"配置编辑器"为机器人配置 DSQC 652 I/O 板卡和 I/O 信号,其相关参数见表 2-5。

表 2-5

DSQC 652 板卡创建		I/O 信号配置	
参数名称	设定值	参数名称	设定值
Name	d652_DN	Name	do01
Address	10	Type of Signal	Digital output
		Assigned to Device	d652_DN
		Device Mapping	1

(1)创建 DSQC 652 板卡 操作步骤:1 单击【控制器】选项卡—2 展开【配置编辑器】命令下拉列表,单击【I/O System】命令—3 在【配置 -I/O System】窗口,右击【DeviceNet Device】命令—4 单击【新建 DeviceNet Device...】—5 在【实例编辑器】窗口的【使用来自模板的值】中选择【DSQC 652 24 VDC I/O Device】模板—6 更改 Name 为"d652_DN",Address 的值设为"10"—7 单击【确定】完成创建,重启后生效,如图 2-73 ~图 2-75 所示。

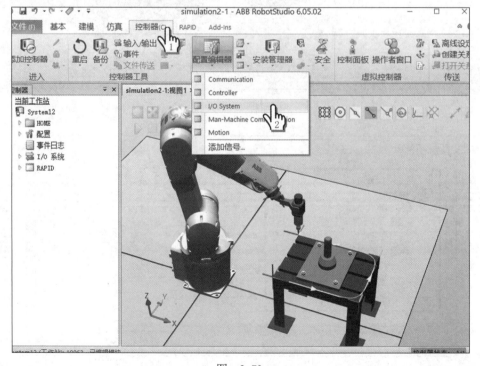

图 2-73

第 2 章　简易虚拟仿真工作站的创建

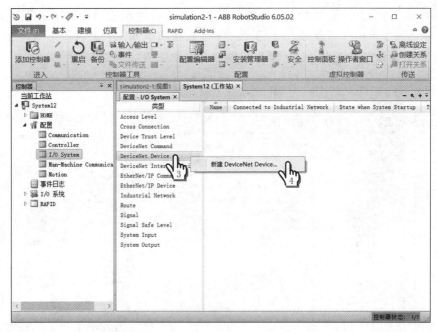

图　2-74

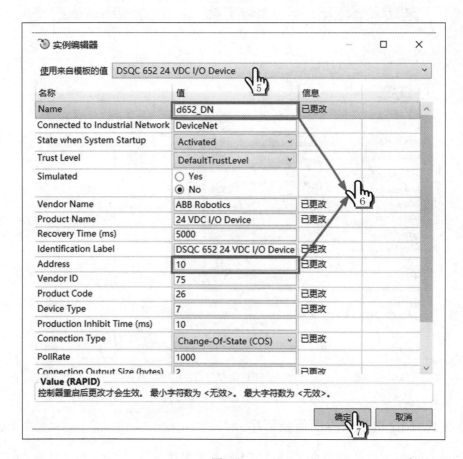

图　2-75

（2）I/O 信号配置　　配置 I/O 信号的操作方法：1 在"配置 -I/O System"窗口，右击【Signal】命令—2 单击【新建 Signal...】命令—3 在【实例编辑器】窗口参考表 2-5 设定信号参数—4 单击【确定】完成创建，重启后生效，如图 2-76、图 2-77 所示。

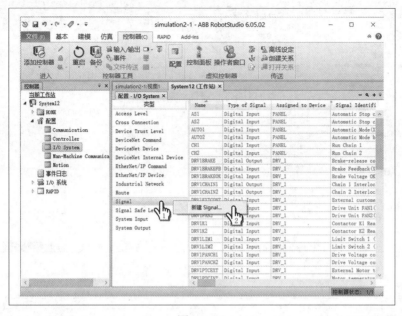

图　2-76

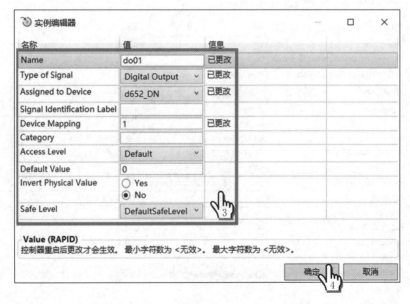

图　2-77

2.3.3　在 RAPID 选项卡界面编制程序

RobotStudio 提供的 RAPID 编辑器可以查看和编辑控制器中的 RAPID 程序。在 RAPID

文本编辑器界面,可以实现剪切、复制、粘贴、查找、替换、格式规范化等操作,编程效率要比在示教器编程高出很多。

打开 RAPID 文本编辑器的方法:1 单击【RAPID】选项卡—2 在【控制器】标签页列表中逐一展开 RAPID、任务 T_ROB1、程序模块 Module1,双击模块【Module1】即进入 RAPID 编辑器,如图 2-78 所示。

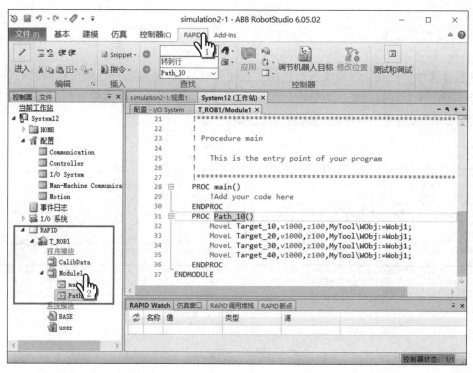

图 2-78

小贴士 双击模块【Module1】可以进入编辑器窗口,也可以双击例行程序名快速进入相应的例行程序编辑窗口。

在 RAPID 文本编辑器窗口,像编辑文本一样编辑 RAPID 程序,需要使用者非常熟悉 RAPID 语法规则和指令语句语法格式,否则程序中很容易出现语法错误。在 RAPID 文本编辑器中还可以使用快捷键,进一步提高编程效率。表 2-6 列出了 RAPID 文本编辑器中常用的快捷键组合。

表 2-6

编辑操作	快捷键	编辑操作	快捷键
复制	Ctrl+C	全选	Ctrl+A
剪切	Ctrl+X	全部保存	Ctrl+Shift+S
粘贴	Ctrl+V	撤销	Ctrl+Z
删除	Delete	查找/替换	Ctrl+F
上方插入空白行	Ctrl+Enter	确认选择	Tab 或 Enter
下方插入空白行	Ctrl+Shift+Enter		

在【RAPID】选项卡的【编辑】命令组中，不仅汇集了剪切、复制和粘贴等标准功能，还包含备注、取消备注、缩进、取消缩进、格式化功能，如图2-79所示。

图 2-79

这里着重对"格式化"功能进行讲解。在通过RAPID编辑器对程序进行编辑的过程中，程序的排版往往不规范，层次不分明，以致程序可读性差，这时就需要对程序进行格式化处理。从图2-80可以看出程序格式化前后的区别。

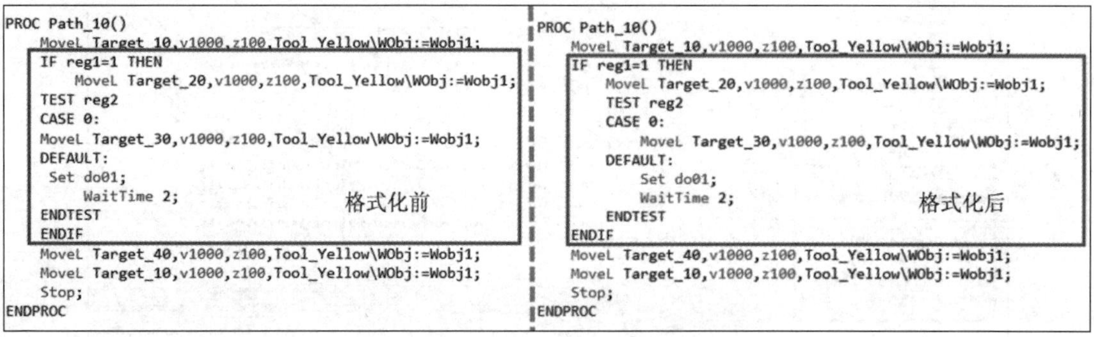

图 2-80

> **小贴士**：对RAPID程序进行编辑操作后，需要进行应用修改确认。单击【全部应用】命令后，软件会对程序进行一次自检，并在输出窗口提示是否存在语法错误。也可以通过【RAPID】选项卡中的【检查程序】命令提前对程序进行语法检查，再单击【应用】命令。

2.4 工作站的虚拟仿真运行

2.4.1 仿真设定与仿真控制

通过RobotStudio的虚拟仿真功能，可以对机器人程序进行动作轨迹检验、流程逻辑检测、干涉碰撞检测、循环时间测算。下面以例行程序Path_10的虚拟仿真为例进行说明。

对Path_10进行仿真的操作方法：1 单击【仿真】选项卡—2 单击【仿真设定】命令—3 选择任务【T_ROB1】—4【进入点】选择【Path_10】—5 单击【关闭】—6 单击【播放】机器人就按照Path_10所示教的轨迹进行运动，如图2-81、图2-82所示。

也可以对仿真状态进行保存，并通过【重置】命令快速回到保存的状态。可被保存的对象状态包括属性值、I/O信号值、关节值、可见、转换和连接，可被保存的控制器状态包括变量数字、I/O 信号值。

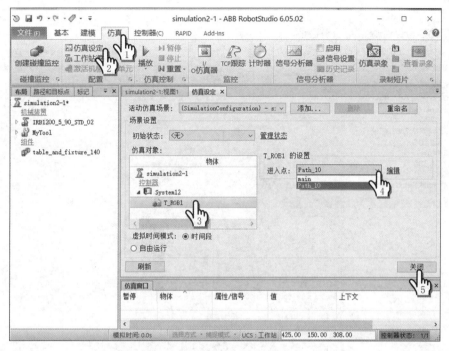

图 2-81

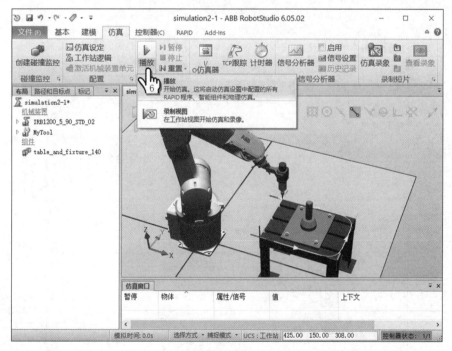

图 2-82

保存机器人当前的仿真状态的操作步骤：1 单击【仿真】选项卡—2 展开【重置】命令下拉列表—3 单击【保存当前状态...】命令—4 更改【名称】为"起始状态"—5 勾选需要

保存的工作站数据（一般是全选）—6 单击【确定】完成保存，如图 2-83、图 2-84 所示。

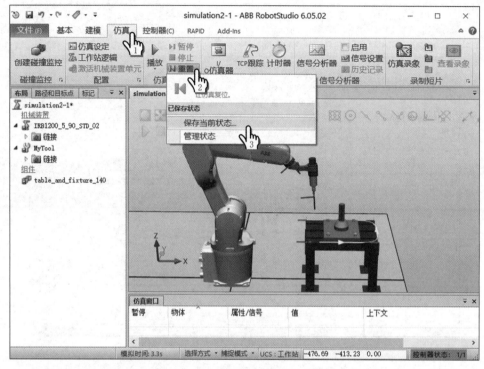

图 2-83

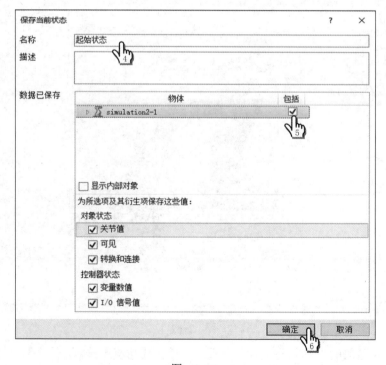

图 2-84

保存成功后,展开【重置】命令下拉列表,即可查看到保存的状态,如图 2-85 所示。单击需要恢复的仿真状态,就可以将工作站的对象属性状态、控制器状态恢复到保存仿真状态时的状态。已保存的仿真状态,可通过【重置】命令下拉列表中的【管理状态】命令进行管理。

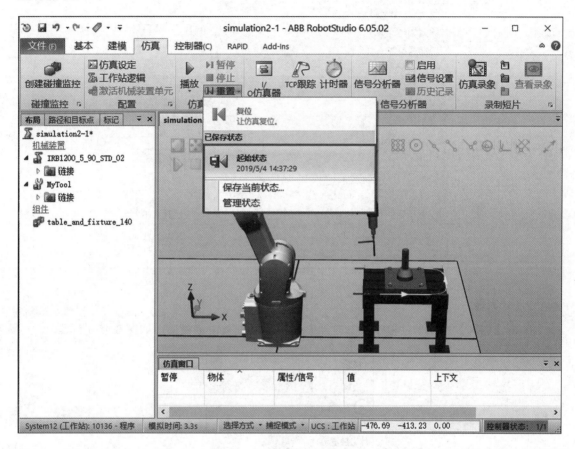

图 2-85

2.4.2 仿真过程监控

本小节学习 3 个常用的仿真监控功能,分别是 TCP 跟踪、计时器、碰撞监控。TCP 跟踪即在仿真期间将当前激活的工具的 TCP 运动轨迹以彩色轨迹线同步呈现。计时器用于测量某个过程中在两个设定的触发点之间所花的时间。碰撞监控用于检测指定的两个对象在仿真期间是否发生干涉碰撞。

1. TCP 跟踪

单击【仿真】选项卡,单击【TCP 跟踪】命令即可进入设定窗口,如图 2-86 所示。勾选【启用 TCP 跟踪】,即可对相关参数进行设定,在基础色中可以对跟踪线的颜色进行更改。设置完成后,再次执行仿真,即可显示 TCP 运行轨迹。

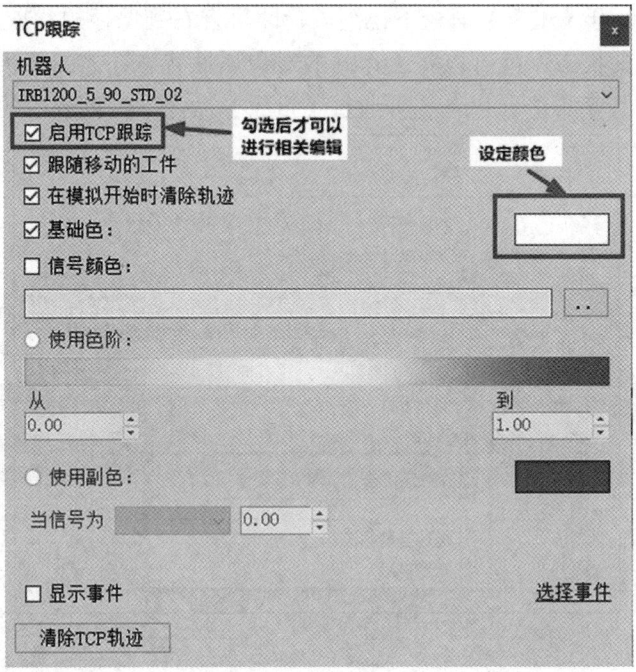

图 2-86

2. 计时器

单击【仿真】选项卡，单击【计时器】命令即可进入设定窗口，如图 2-87 所示。

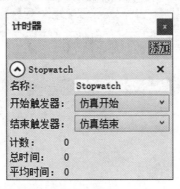

图 2-87

【开始触发器】有 3 个可选项，分别是仿真开始、目标已更改、I/O 值。【结束触发器】有 3 个可选项，分别是仿真结束、目标已更改、I/O 值。【添加】命令可以添加多个计时器。参考图 2-87 进行设定，单击仿真播放按钮，计时器开始计时，仿真结束后计时器停止计时。

3. 碰撞监控

单击【仿真】选项卡，单击【创建碰撞监控】命令即可创建一个默认名为"碰撞检测设定_1"的碰撞监控。

碰撞监控的操作方法：1 单击【仿真】选项卡—2 单击【创建碰撞监控】—3 右击【碰撞检测设定_1】—4 单击【修改碰撞监控】命令—5 在设置页面设定【接近丢失】值，假设

设定为 50mm，其他参数可以使用默认—6 单击【应用】命令完成设置—7 单击【碰撞检测设定_1】下的三角图标，通过鼠标把需要监控的两个碰撞对象"MyTool"和"table_and_fixture_140"分别拖至"ObjectsA"和"ObjectsB"，如图 2-88～图 2-90 所示。此时通过仿真或手动移动机器人使两个监控对象接近，可以发现，当两个监控对象接近 50mm 时，会变成黄色，碰撞后会变成红色。

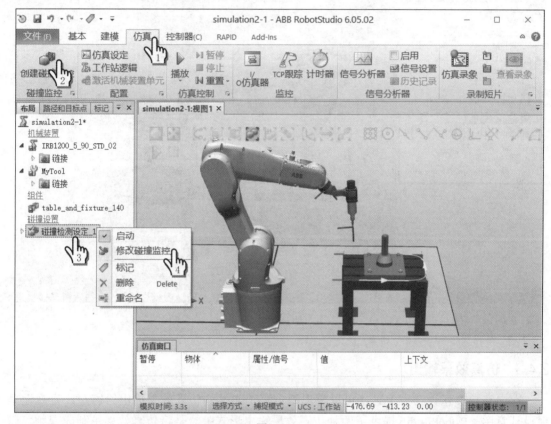

图 2-88

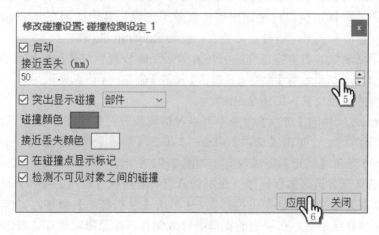

图 2-89

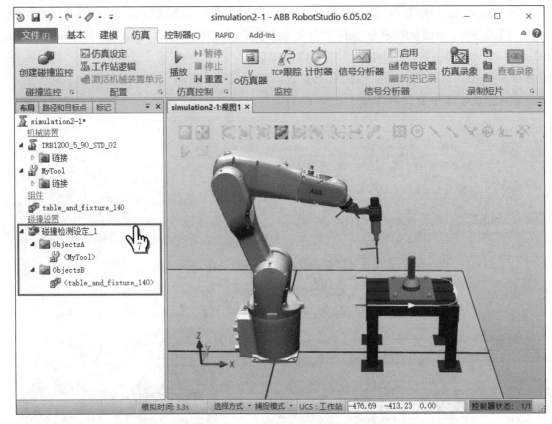

图 2-90

2.4.3 仿真效果输出

在向客户展示设计方案时,可以将虚拟仿真工作站的仿真效果输出给客户,直观地呈现设计意图。RobotStudio 提供了两种仿真效果输出形式:一是将仿真效果录制成视频,二是将仿真效果录制成 exe 可执行文件。以视频文件形式输出的仿真效果,只能按录制时的视角呈现仿真效果,而以可执行程序输出的仿真效果可以让客户如同在 Robotsudio 中一样自主选择视角来观看仿真效果,而且不需要客户安装 RobotStudio 软件。

(1)录制仿真录像 将虚拟工作站的仿真效果录制成视频文件的操作步骤:1 单击【仿真】选项卡—2 单击【仿真录像】命令—3 单击【播放】命令—4 仿真结束后,单击【查看录像】命令,查看录制的视频文件,如图 2-91 所示。

在 RobotStudio 软件的【选项】命令中可以对仿真录像的参数进行设定。详细操作步骤:1 单击【文件】选项卡—2 单击【选项】命令—3 单击【屏幕录像机】命令—4 根据个人喜好设定录像参数—5 单击【确定】完成设定,如图 2-92 所示。

(2)录制仿真查看器可执行程序 录制仿真查看器可执行程序的操作方法:1 单击【仿真】选项卡—2 展开【播放】命令下拉列表—3 单击【录制视图】命令,工作站会开始仿真并进行录制—4 仿真结束后,在弹出的窗口中修改保存名称及指定保存位置,然后单击【保存】命令完成录制,如图 2-93、图 2-94 所示。

第 2 章 简易虚拟仿真工作站的创建

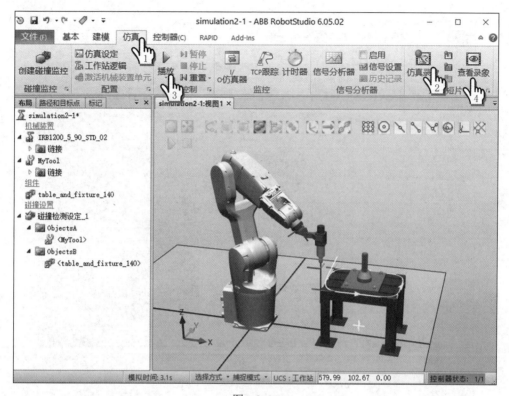

图 2-91

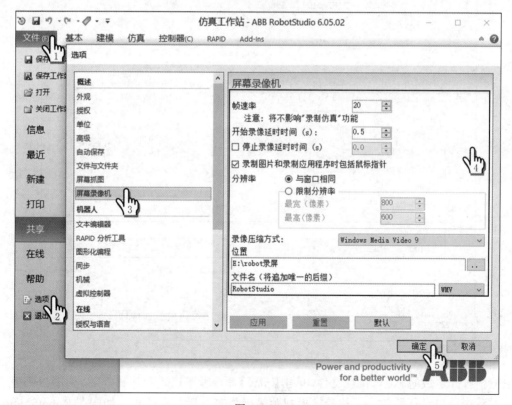

图 2-92

ABB 工业机器人虚拟仿真与离线编程

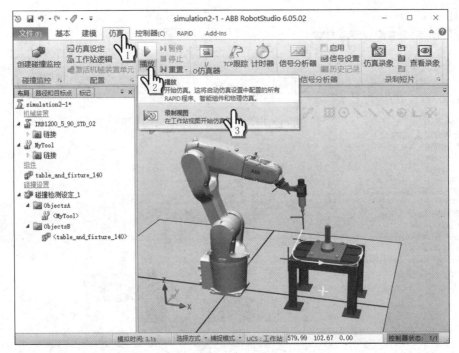

图 2-93

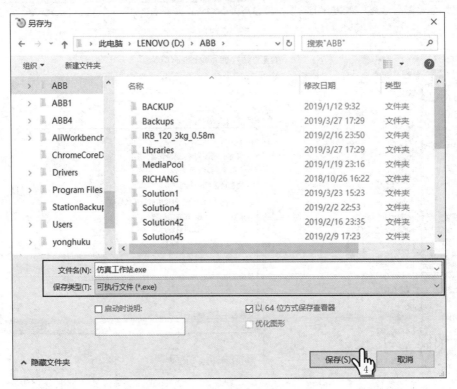

图 2-94

双击打开生成的 exe 可执行文件，单击【play】命令就可以查看仿真效果，如图 2-95 所示。运行过程中可以进行缩放、平移和转换视角等操作来查看仿真效果，如同在 RobotStudio 中的一样。

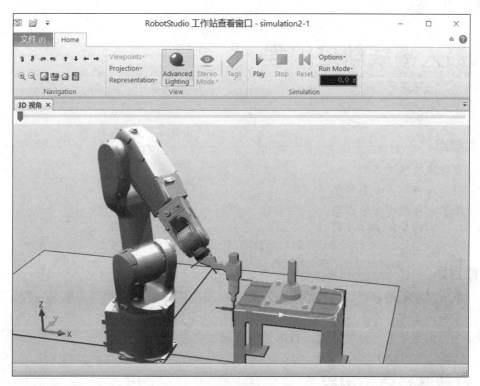

图 2-95

课后习题

（1）RobotStudio 软件工作站需要的模型可以从系统自带库、用户库和_____中获取。RobotStudio 支持两种类型的库文件，文件拓展名分别是"_____"和"_____"。

（2）用户库是由用户自定义的模型库，模型文件需保存在用户库保存目录中的"_____"文件夹中。

（3）RobotStudio 中对物体进行位置设定，可以通过【放置】命令进行，其又细分为_____五个方法。

（4）无论是工作站中的模型库文件还是几何体，都可以通过"保存为库文件"和"导出几何体"功能导出文件并分享给其他人。需要注意的是，模型库文件需要_____，才能执行"保存为库文件"操作。

（5）创建系统时，如果要使用区域检测（WorldZones）功能，则需要添加"_____"选项；如果要进行焊接，"633-4 Arc"选项必不可少，同时需要_____。

（6）在 RobotStudio 中，为保证虚拟控制器中的数据与工作站数据一致，需要将虚拟控制器与工作站数据进行同步。当在工作站中修改数据后，需要执行"_____"；反之则需要执行"_____"。

（7）仿真效果输出为 exe 可执行文件，运行过程中可以进行缩放、平移和转换视角等操作，和在_____中的一样。

第 3 章

机器人离线轨迹编程

➲ **知识要点**

1. 自动路径捕捉方法
2. 机器人目标点参数调整
3. 机器人轴配置参数调整
4. 轨迹曲线的获取方式

➲ **技能目标**

1. 掌握创建机器人离线轨迹曲线的方法
2. 学会机器人目标点和轴配置参数调整
3. 学会运用机器人碰撞监控、TCP 跟踪等功能完善仿真程序

3.1 自动路径轨迹编程

当需要机器人的 TCP 按照一些无法使用方程描述的轨迹形状运动时，往往只能使用描点法，通过在轨迹形状上采集尽可能多的点，然后逐点前进。用描点法描绘复杂轨迹形状，不仅费时费力，且精度极差。

RobotStudio 软件的自动路径功能可以帮助用户快速、精准地生成基于 CAD 几何体的路径轨迹，无论是效率还是精度都远高于描点法。本节通过图 3-1 所示的"增压缸"工作站来学习如何通过自动路径功能生成运行轨迹路径，该工作站可扫描下面二维码获得。

图 3-1

由于生产现场中机器人与工件的相对位置很难做到与虚拟工作站中完全一致，所以离线编程时一般会在工件的装夹治具或工件本身上建立工件坐标系，离线编制的程序导入生产现场后重新定义该工件坐标系就能消除虚拟工作站与生产现场的工件位置差异。

本案例中，在底座上表面建立如图 3-2 所示的工件坐标系 wobj_1，在该工件坐标系下编程，对增压缸上端面的外轮廓进行去毛刺工作。

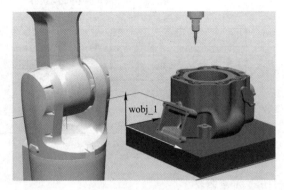

图　3-2

遵循以下步骤可以完成本案例的离线轨迹编程任务。
1）打开二维码资源中的"增压缸 .rspag"文件。
2）建立图 3-2 所示的工件坐标系 wobj_1。
3）编辑指令模板。
①展开状态栏位置处的指令模板，选择【编辑指令模板】，如图 3-3 所示。

图　3-3

②编辑 MoveL 指令的模板参数，将【Speed】设为"v1000"、【Zone】设为"z0"，其余参数使用默认，并启用 MoveL 模板，如图 3-4 所示。

图　3-4

③激活工件坐标 wobj_1 和工具坐标 MyTool，如图 3-5 所示。

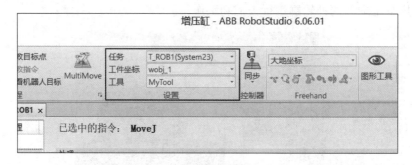

图 3-5

4）从增压缸上端面边缘创建路径。
①单击【基本】选项卡，展开【路径】命令下拉列表，选择【自动路径】。
②如图 3-6 所示，将增压缸上端面设为参照面。
③如图 3-7 所示，利用 Shift 键+鼠标左键，选中增压缸上端面外边缘。

图 3-6　　　　　　　　　　　图 3-7

④按图 3-8 所示设置自动路径参数，并单击【创建】。

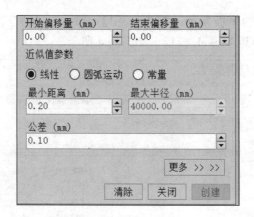

图 3-8

自动路径中常用参数项目的说明见表 3-1。

表 3-1

参　数	说　明
参照面	生成路径所参考的平面
线性	为路径上的目标点生成线性指令，圆弧作为分段性处理
圆弧运动	在圆弧特征处生成圆弧指令，在线性特征处生成线性指令
常量	在路径上生成具有恒定间隔距离的点
开始偏移量	设置距离第一个目标的指定偏移
结束偏移量	设置距离最后一个目标的指定偏移
最小距离（mm）	小于该距离的线段将被忽略，该线段将被纳入其他线段中
最大半径（mm）	大于该半径值的圆弧将被作为直线处理
公差（mm）	生成点所允许的最大偏差

⑤单击【基本】选项卡，单击【路径和目标点】标签页，【路径与步骤】下已经创建了一条路径轨迹 Path_10，如图 3-9 所示。

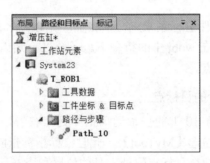

图　3-9

3.2　修改轨迹目标点位

在第 3.1 节中创建了一个名为 Path_10 的路径轨迹，但是仍无法确定轨迹中的每一个目标点是否可达，也无法确定每一个目标点的姿态是否合适。本节将学习如何查看、编辑路径轨迹中目标的位置和姿态。

展开 Path_10 可以看到构成该轨迹的所有运动指令，如图 3-10 所示。

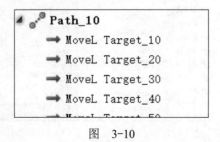

图　3-10

如果运动指令列表中某条运动指令上出现红色禁止符号，则表示该运动指令的目标点不可达，可能的原因有路径经过奇异点、目标点超出机器人工作范围、关节范围超限；如果运动指令列表中某些运动指令上出现黄色感叹号，则表示以当前的轴配置无法达到该指令的目标点。

展开【路径和目标点】标签页的【工件坐标&目标点】可以看到 Path_10 路径的所有目标点，如图 3-11 所示。

图 3-11

目标点位的分类是以工件坐标系来划分的，而不是以路径轨迹来划分的，所有 wobj_1 坐标系下的目标点都会出现在 wobj_1 的折叠下。了解以上知识后，接下来学习如何查看和编辑路径下运动指令的目标点。

1. 查看路径中运动指令的目标点

如图 3-12 所示，在 Path_10 下的任意运动指令处，右击，在弹出快捷菜单中单击【查看目标处工具】下拉列表，勾选【MyTool】。此时鼠标指针指向任意 Path_10 路径下任意一条运动指令，都可以预览该指令目标点位处工具的位置和姿态。如果还同时在右键快捷菜单中选择了【查看机器人目标】，当光标指向路径下的运动指令时，可以预览机器人抵达目标点位时的姿态，如果运动指令的目标点不可达，则仅显示目标点处的工具姿态。

图 3-12

2. 编辑路径中运动指令的目标点位

在运动指令处右击，在弹出的快捷菜单中单击【定位目标】，视图将跳转至该运动指令的目标点位处。在目标点位处右击，在弹出的快捷菜单中单击【修改目标】命令下拉列表，将看到的多个可以修改目标点位的命令，如图 3-13 所示。

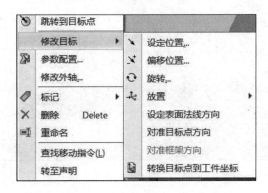

图 3-13

接下来按以下步骤修改路径中运动指令的目标点位，使得 Path_10 路径下所有运动指令的目标点都可达。

1）修改 Target_10 的姿态。展开 Path_10 路径，定位至第一条运动指令的目标点位 Target_10 处，如图 3-14 所示，使用【旋转】命令，绕本地 Z 轴旋转合适的角度，使得机器人呈图 3-15 所示的姿态。

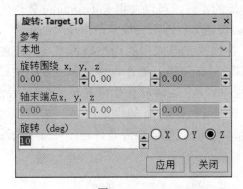

图 3-14

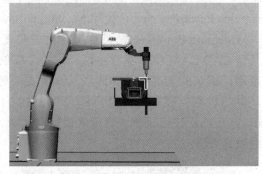

图 3-15

2）以 Target_10 为参考调整其余目标点姿态。同时选中除 Target10 之外的其余目标点，右击，弹出快捷菜单，单击【修改目标】命令下拉列表，单击【对准目标点方向】命令，打开界面，按图 3-16 所示内容设定参数，单击【应用】。此时可以预览到所有目标点位的姿态都与 Target_10 一致，如图 3-17 所示。

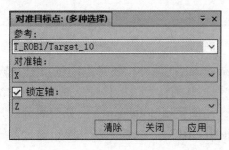

图 3-16

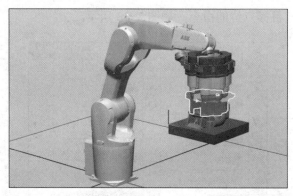

图 3-17

当 Path_10 路径下所有运动指令上都没有红色禁止符号和黄色感叹号时，即表明所有运动指令的目标点都已可达。

3.3 获取轨迹曲线的其他方式

目前 RobotStudio 中的自动路径功能只能通过几何体边缘生成曲线，然后由该曲线转化成路径，局限性比较大。为了弥补离线轨迹编程功能的不足，可以使用 RobotStudio 软件的 Machining PowerPac 插件，使用 Machining PowerPac 仅需数秒即可完成复杂路径的创建。

Machining PowerPac 是机加工、去毛刺飞边、打磨抛光等应用的理想编程工具，还能与其他 CAD/CAM 软件配套使用。该软件提供了多种运行策略，能在自由曲面上轻松生成满足不同需求的加工路径和曲线。集成式后处理程序可从 CAM 软件生成高精度机器人路径，并与机器人控制器无缝协作。图 3-18 为 Machining PowerPac 插件的界面，本书不对 Machining PowerPac 插件进行深入讲解，如对 Machining PowerPac 插件有兴趣，可持续关注智通教育后续出版的教材。

图 3-18

除了使用 Machining PowerPac 插件外，还可以通过第三方软件来协助生成轨迹曲线。基本原理是，通过第三方软件在几何体上做出具有分割功能的曲线，然后将几何体连同该曲线一同导入 RobotStudio 中。比如使用 SolidWorks 的分割线分割几何体，然后将几何体连同分割线一同导入 RobotStudio 中，图 3-19 为使用 SolidWorks 分割线分割后的增压缸。图 3-20 为使用分割线生成的自动路径轨迹。

图 3-19

图 3-20

如果仅从第三方软件导入曲线，那么这条曲线是无法用于 RobotStudio 软件的"自动路径"功能的。这样的曲线可用于几何模型的布局定位，比如可以将 CAD 软件中制作的二维设备布局图导入 RobotStudio 中，然后依据该布局图来放置几何模型，如图 3-21 所示。

下面的二维码资源中提供了图 3-19 所示的带切割线的增压缸模型"增压缸分割线 .SAT"，提供了图 3-21 所示的设备布局图"设备布局图 .DWG"、立体仓库模型"立体仓库 .STEP"。

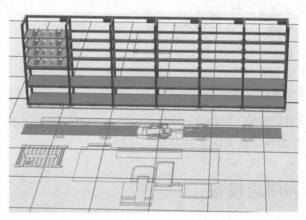
图 3-21

课后习题

（1）在自动路径的参数设定界面，指令的运行方式选择为"线性"，则为路径上的目标点生成线性指令，圆弧作为分段性处理。请判断以上说法是否正确。（　　）

（2）在自动路径的参数设定界面，指令的运行方式选择为"圆弧运动"，则只在圆弧特征处生成圆弧指令。请判断以上说法是否正确。（　　）

（3）目标点姿态进行调整，除了可以使用【复制方向/应用方向】，还可以使用【对准目标点方向】的方式进行调整。请判断以上说法是否正确。（　　）

（4）如果生成的目标点图标带有黄色感叹号，是因为_____未进行设定。

（5）路径的创建有"空路径"和"自动路径"两种方法，"空路径"是创建一个无指令的新路径，而"自动路径"是_____。

第 4 章

创建机械装置

○ **知识要点**

1. 链接、接点、父链接、关节依赖性的术语诠释
2. 往复型关节、旋转型关节的术语诠释
3. RobotStudio 中机械装置的分类：机器人、外轴、工具、设备

○ **技能目标**

1. 掌握 CNC 自动门设备的创建方法
2. 掌握双层供料台设备的创建方法
3. 掌握 CNC 装夹治具设备的创建方法
4. 掌握气动打磨头工具的创建方法
5. 掌握气动夹爪工具的创建方法
6. 掌握双头气动夹爪工具的创建方法

在 RobotStudio 软件中，机械装置分为四类：机器人、外轴、工具、设备。本章主要向大家介绍如何创建设备类、工具类的机械装置。

4.1 创建机器人周边设备

4.1.1 CNC 自动门

本小节以 CNC 自动门为例，介绍如何在 RobotStudio 软件中创建具有往复型关节的设备类机械装置。本小节二维码扫描资源中的"CNC 自动门 .rslib"展示了一个已创建好的机械装置，其创建步骤如下。

1）新建一个空工作站并保存。

2）依次单击【基本】选项卡—【导入模型】命令—【浏览库文件】命令，扫描上面二维码，将文件夹中的"CNC 本体""CNC 左门""CNC 右门"导入到当前工作站中。图 4-1 为导入后的模型。

3）"CNC 本体""CNC 左门""CNC 右门"的位置设定按图 4-2 所示的值进行设定。图 4-2 为完成位置设定后的效果。

4）断开"CNC 本体""CNC 左门""CNC 右门"与库的连接。

5）依次单击【建模】选项卡—【创建 机械装置】命令，打开【创建 机械装置】窗口。在【机械装置模型名称】栏输入"CNC 自动门"，在【机械装置类型】中选择【设备】，如图 4-3 所示。

第4章 创建机械装置

图 4-1

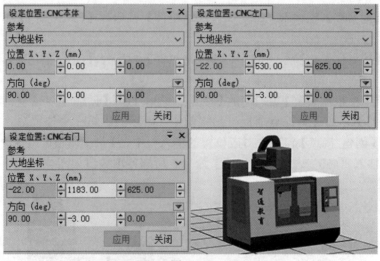

图 4-2

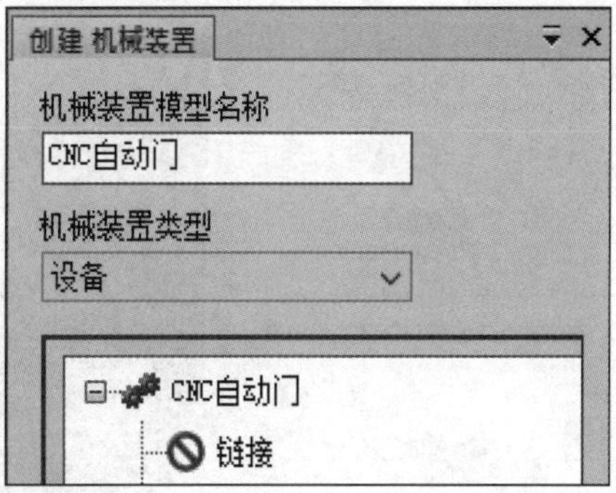

图 4-3

6）双击【创建 机械装置】窗口中的【链接】命令，打开【创建 链接】窗口，如图4-4

左所示。【所选组件】一栏选择【CNC 本体】，勾选【设置为 BaseLink】，单击▶图标，单击【应用】。完成操作后的效果如图 4-4 右所示。

图 4-4

> 小贴士
>
> BaseLink 是运动链的起始位置，它必须是第一个关节的父关节。一个机械装置只能有一个 BaseLink。
>
> 在机械装置当中，一对关节的子关节发生位置姿态变化时其父关节不会发生位置姿态的变化，一对关节的父关节发生位置姿态变化时其子关节也会发生相同的位置姿态变化。

7）在【链接名称】栏输入"L2"、【所选组件】栏选择【CNC 左门】，单击▶图标，单击【应用】。

8）在【链接名称】栏输入"L3"、【所选组件】栏选择【CNC 右门】，单击▶图标，单击【确定】。

9）双击【创建 机械装置】窗口中的【接点】命令，打开【创建 接点】窗口。【关节类型】栏选择【往复的】，通过特征点捕捉工具将图 4-5 所示的"第一个位置""第二个位置"的坐标值填入【创建 接点】窗口中对应位置的输入栏中，【最小限值】栏中输入"0"、【最大限值】栏中输入"450"，单击【应用】命令。所填各项数值如图 4-5 所示。

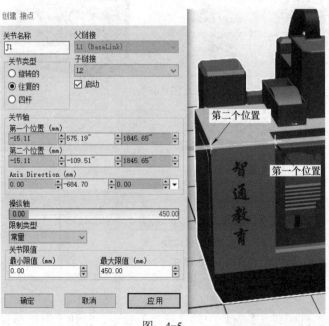

图 4-5

10)在【创建 接点】窗口中,【关节名称】栏中填入"J2",在【父链接】栏中选择【L1(BaseLink)】,在【子链接】栏中选择【L3】,在【关节类型】栏选择【往复的】,通过特征点捕捉工具将图4-6所示的"第一个位置""第二个位置"的坐标值填入【创建 接点】窗口中对应位置的输入栏中,"最小限值"栏中输入"0"、"最大限值"栏中输入"450",单击【确定】命令。所填各项数值如图4-6所示。

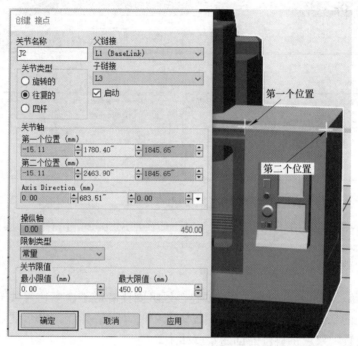

图 4-6

11)单击【创建 机械装置】窗口中的【编译机械装置】命令,通过【添加】命令增加图4-7所示的【原点姿态】,通过【添加】命令增加图4-7所示的door_closed姿态。

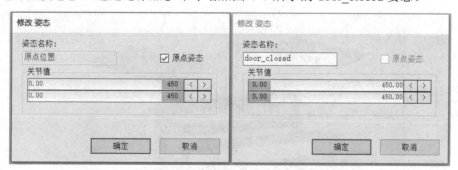

图 4-7

12)单击【创建 机械装置】窗口中的【设置转换时间】命令,按图4-8所示的值设定姿态间的转换时间。

13)单击【创建 机械装置】窗口中的【关闭】命令,完成CNC自动门设备的创建。此时在布局栏中可以看到原来的几何模型消失了,同时产生了一个机械名为CNC自动门且可以进行手动关节操纵的机械装置,如图4-9所示。

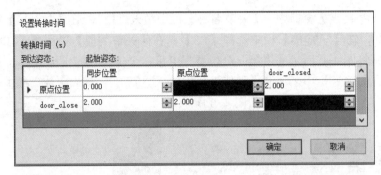

图 4-8

图 4-9

14）将"CNC 自动门"保存为库文件"CNC 自动门 .rslib"，存放于用户库中。

4.1.2 双层供料台

本小节进行双层供料台机械装置的创建，以巩固读者对于含多往复关节机械装置的创建方法的认知。本小节二维码扫描资源中的"双层料台 .rslib"展示了一个建好的机械装置，双层供料台的创建步骤如下。

1）新建一个空工作站，并保存。

2）依次单击【基本】选项卡—【导入模型】命令—【浏览库文件】命令，扫描上面二维码，将文件夹中的"料台本体""上料盘""下料盘"导入当前工作站中。图 4-10 为导入后的模型。

图 4-10

3）按照图 4-11 所示的值，设定几何模型的位置。图 4-11 为完成位置设定后的效果。

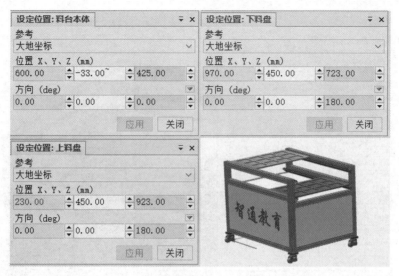

图 4-11

4）断开"料台本体""上料盘""下料盘"与库的连接。

5）依次单击【建模】选项卡—【创建 机械装置】命令，打开【创建 机械装置】窗口。在【机械装置模型名称】栏输入"双层料台"，在【机械装置类型】中选择【设备】，如图 4-12 所示。

6）双击【创建 机械装置】窗口中的【链接】命令，打开【创建 链接】窗口。【所选组件】栏选择【料台本体】，勾选【设置为 BaseLink】，单击 ▶ 图标，单击【应用】。完成操作后的效果如图 4-13 所示。

图 4-12

图 4-13

7）在【链接名称】栏输入"L2"、【所选组件】栏选择【上料盘】，单击 ▶ 图标，单击【应用】。

8）在【链接名称】栏输入"L3"、【所选组件】栏选择【下料盘】，单击 ▶ 图标，单击【确定】。

9）双击【创建 机械装置】窗口中的【接点】命令，打开【创建 接点】窗口。【关节类型】栏选择【往复的】，通过特征点捕捉工具将图 4-14 的"第一个位置""第二个位置"的坐标值填入【创建 接点】窗口中对应位置的输入栏中，【最小限值】栏中输入"0"、【最大限值】栏中输入"740",单击【应用】命令。所填各项数值如图4-14所示。

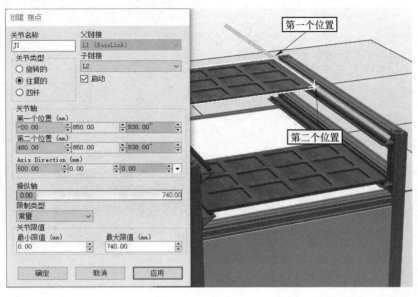

图 4-14

10)在【创建 接点】窗口中,【关节名称】栏中填入"J2",在【父链接】栏中选择【L1（BaseLink）】,在【子链接】栏中选择【L3】,在【关节类型】栏选择【往复的】,通过特征点捕捉工具将图4-15所示的"第一个位置""第二个位置"的坐标值填入【创建接点】窗口中对应位置的输入栏中,"最小限值"栏中输入"0"、"最大限值"栏中输入"740",单击【确定】命令。所填各项数值如图4-15所示。

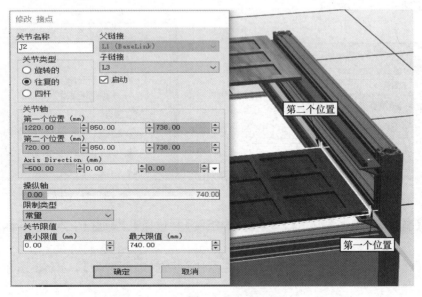

图 4-15

11)单击【创建 机械装置】窗口中的【编译机械装置】命令,通过【添加】命令增加图4-16所示的【原点姿态】,通过【添加】命令增加图4-16所示的切换姿态。

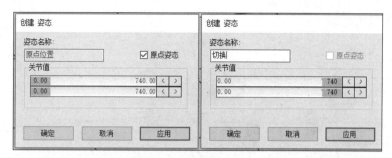

图 4-16

12）单击【创建 机械装置】窗口中的【设置转换时间】命令，按图 4-17 所示的值设定姿态间的转换时间。

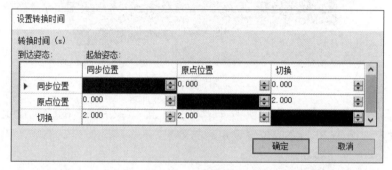

图 4-17

13）单击【创建 机械装置】窗口中的【关闭】命令，完成双层供料台的创建。此时在布局栏中可以看到原来的几何模型消失了，同时产生了一个机械名为"双层料台"且可以进行手动关节操纵的机械装置，如图 4-18 所示。

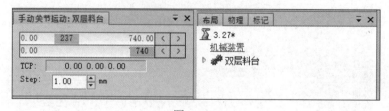

图 4-18

14）将"双层供料台"保存为库文件"双层料台 .rslib"，存放于用户库中。

4.1.3 CNC 装夹治具

本小节以 CNC 装夹治具为例，介绍如何在 RobotStudio 软件中创建具有旋转型关节、关节间存在依赖性关系的设备类机械装置。本小节二维码扫描资源中的"CNC 夹治具 .rslib"展示了一个创建好的机械装置，其创建步骤如下。

1）新建一个空工作站，并保存。

2）依次单击【基本】选项卡—【导入模型】命令—【浏览库文件】命令，扫描上面二维码，将文件夹中的"夹具底座""连杆 1""夹片 1""连杆 2""夹片 2"导入当前工作站中。

图 4-19 为导入后的模型。

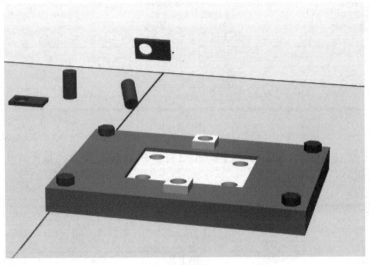

图 4-19

3)"夹具底座""连杆 1""夹片 1""连杆 2""夹片 2"的位置设定按图 4-20 所示的值进行设定。图 4-20 为完成位置设定后的效果。

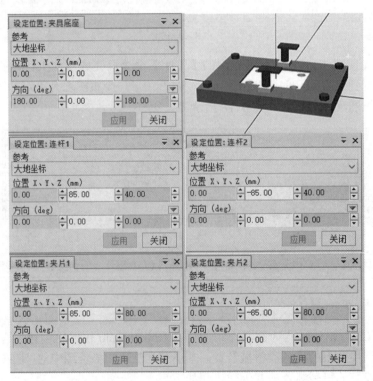

图 4-20

4)断开"夹具底座"、"连杆 1""夹片 1""连杆 2""夹片 2"与库的连接。
5)依次单击【建模】选项卡—【创建 机械装置】命令,打开【创建 机械装置】窗口。

在【机械装置模型名称】栏输入"CNC 装夹治具",在【机械装置类型】中选择【设备】。

6)双击【创建 机械装置】窗口中的【链接】命令,打开【创建 链接】窗口。【所选组件】栏选择【夹具底座】,勾选【设置为 BaseLink】,单击 ▶ 图标,单击【应用】。

7)在【链接名称】栏输入"L2"、【所选组件】栏选择【连杆1】,单击 ▶ 图标,单击【应用】;在【链接名称】栏输入"L3"、【所选组件】栏选择【夹片1】,单击 ▶ 图标,单击【确定】;在【链接名称】栏输入"L4"、【所选组件】栏选择【连杆2】,单击 ▶ 图标,单击【应用】;在【链接名称】栏输入"L5"、【所选组件】栏选择【夹片2】,单击 ▶ 图标,单击【确定】。图4-21 为完成此操作后的效果。

8)双击【创建 机械装置】窗口中的【接点】命令,打开【创建 接点】窗口,按图 4-22 所示填入参数,单击【应用】命令。

9)在【创建 接点】窗口中按图 4-23 所示填入参数,单击【应用】命令。

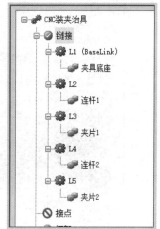

图 4-21

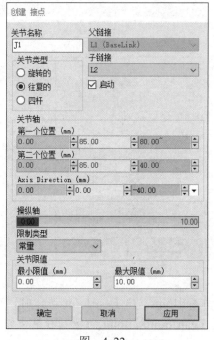

图 4-22

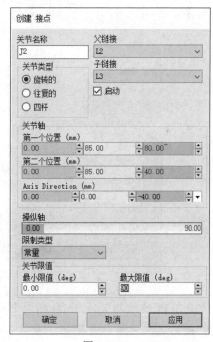

图 4-23

10)在【创建 接点】窗口中按图 4-24 所示填入参数,单击【应用】命令。

11)在【创建 接点】窗口中按图 4-25 所示填入参数,单击【确定】命令。

12)双击【创建 机械装置】窗口中的【依赖性】命令,按图 4-26 所示设定参数,单击【确定】。

13)单击【创建 机械装置】窗口中的【依赖性】命令,右击【依赖性】命令,单击【添加依赖性】命令,按图 4-27 所示设定参数,单击【确定】。

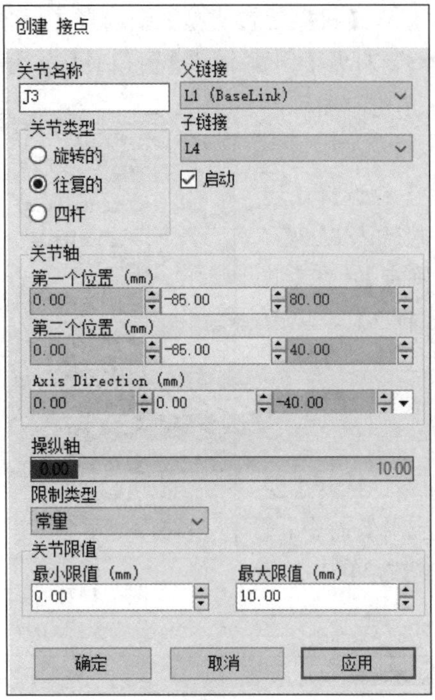

图 4-24 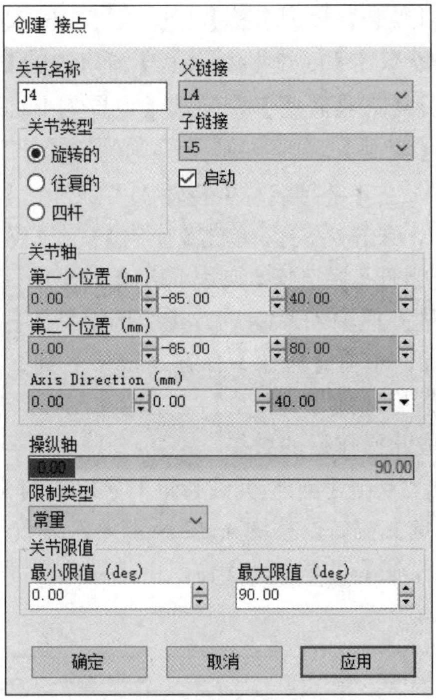　　　　　　　　　　　　　图 4-25

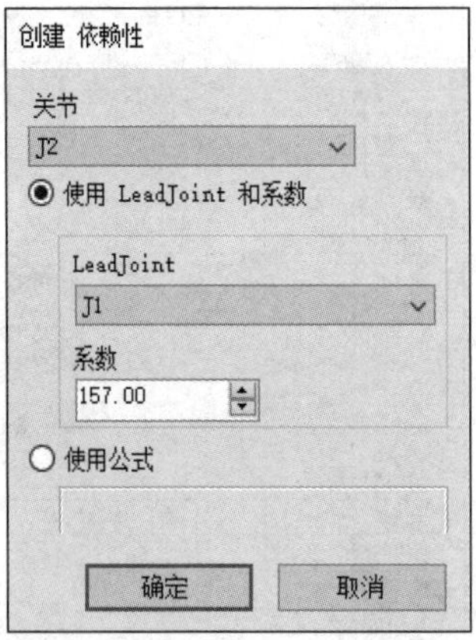

图 4-26　　　　　　　　　　　　　图 4-27

> 关节依赖性指的是 Joint 的动作依赖于 LeadJoint，当 LeadJoint 动作时，Joint 会受到控制发生关节位置变化。系数表示的是 LeadJoint 对 Joint 的控制程度，它们之间的关系满足：
>
> Joint=（LeadJoint×系数）/1000
>
> 对于本例而言，希望 J4 往正方向动作 10mm，J5 正方向旋转 1.57（rad），所以：
>
> 系数 =（Joint×1000）/LeadJoint=（1.57×1000）/10=157

14）单击【创建 机械装置】窗口中的【编译机械装置】命令，通过【添加】命令增加图 4-28 所示的"原点姿态"和"锁紧姿态"。

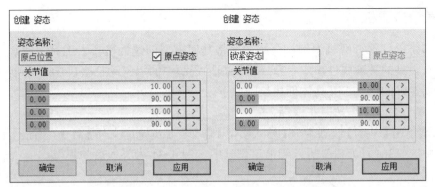

图 4-28

15）单击【创建 机械装置】窗口中的【设置转换时间】命令，按图4-29所示的值设定姿态间的转换时间。

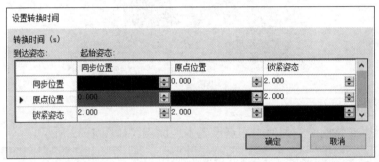

图 4-29

16）单击【创建 机械装置】窗口中的【关闭】命令，完成 CNC 装夹治具的创建。此时在布局栏中可以看到原来的几何模型消失了，同时产生了一个机械名为"CNC 装夹治具"且可以进行手动关节操纵的机械装置。如图4-30所示。

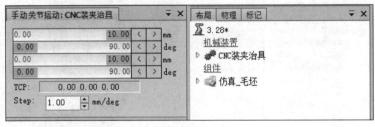

图 4-30

17）将"CNC 装夹治具"保存为库文件"CNC 夹治具 .rslib"，存放于用户库中。

4.2 创建机器人工具

本节将以气动打磨机、气动夹爪、双头气动夹爪为例，介绍如何在 RobotStudio 中创建机器人工具。气动打磨机是不含关节装置的工具，气动夹爪是含关节装置的工具，双头气动夹爪是含有多个作业装置的工具。

4.2.1 气动打磨机

本小节将以气动打磨机为例,介绍如何将几何模型创建为机器人工具,使其具备机器人工具的各项属性。本小节二维码扫描资源中的"气动打磨机.rslib"展示了一个创建好的工具,其具体创建步骤如下。

1)新建一个空工作站,并保存。

2)依次单击【基本】选项卡—【导入模型】命令—【浏览库文件】命令,扫描上面二维码,将文件夹中的"3M 打磨机"导入当前工作站中。图 4-31 为导入后的模型。

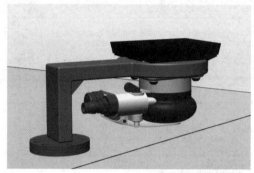

图 4-31

3)断开"3M 打磨机"与库的连接。

4)将打磨机安装柄法兰几何中心点设为本地原点,如图 4-32 所示。

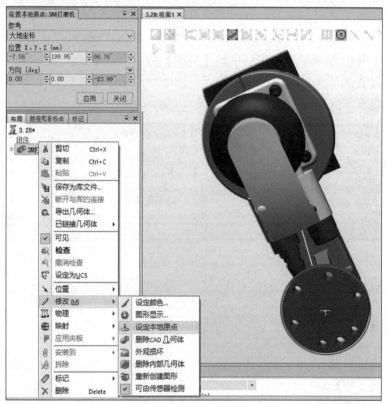

图 4-32

5）按图 4-33 所示的参数设置"3M 打磨机"的位置。

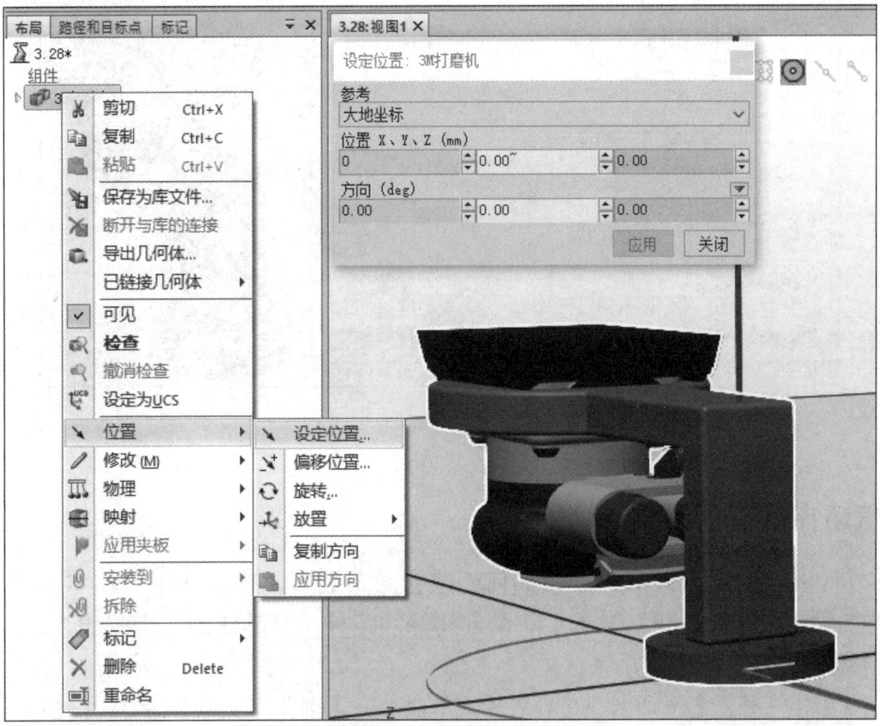

图 4-33

6）单击【建模】选项卡，单击【创建工具】命令，打开图 4-34 所示的【创建工具】窗口。
7）按图 4-35 所示设定参数，单击【下一个】命令。

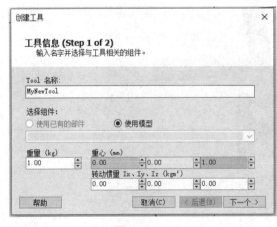

图 4-34

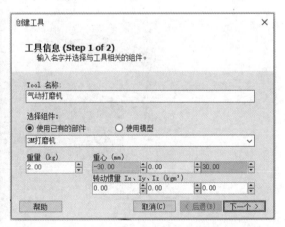

图 4-35

8）如图 4-36 所示，将【TCP 名称】命名为"tool_3M"，并通过捕捉工具将打磨机工作面中心点的坐标值输入【位置】栏，单击图标，单击【完成】命令。
9）此时气动打磨工具已经创建完成，为了能够重复使用，将气动打磨工具保存为库文件"气动打磨机 .rslib"。

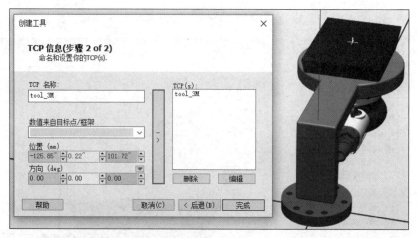

图 4-36

4.2.2 气动夹爪

本小节将以气动夹爪为例,介绍如何创建含关节装置的机器人工具。本小节二维码扫描资源中的"气动夹爪.rslib"展示了一个创建好的工具,其具体创建步骤如下。

1)新建一个空工作站,并保存。

2)依次单击【基本】选项卡—【导入模型】命令—【浏览库文件】命令,扫描上面二维码,将文件夹中的"夹爪主体""夹爪1""夹爪2"导入当前工作站中。图4-37为导入后的模型。

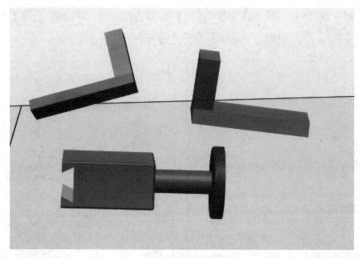

图 4-37

3)断开"夹爪本体""夹爪1""夹爪2"与库的连接。

4)将安装柄法兰几何中心点设为"夹爪主体"的本地原点,如图4-38所示。

5)按图4-39所示的参数设置"夹爪本体"的位置。

6)通过三点放置法,将"夹爪1""夹爪2"对齐"夹爪主体"的燕尾槽,完成操作后,三者的位置关系如图4-40所示。

第 4 章 创建机械装置

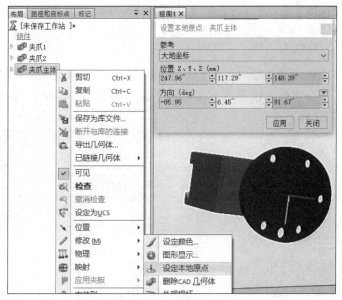

图 4-38

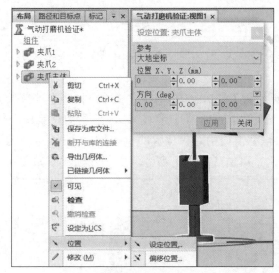

图 4-39

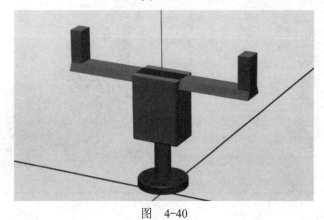

图 4-40

7）依次单击【建模】选项卡—【创建 机械装置】命令，打开【创建 机械装置】窗口。在【机械装置模型名称】栏输入"气动夹爪"，在【机械装置类型】中选择【工具】，如图 4-41 所示。

8）双击【创建 机械装置】窗口中的【链接】命令，打开【创建 链接】窗口。【所选组件】栏选择【夹爪主体】，勾选【设置为 BaseLink】，单击▶图标，单击【应用】。完成操作后的效果如图 4-42 所示。

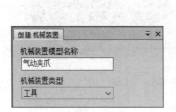

图 4-41　　　　　　　　　图 4-42

9）在【链接名称】栏输入"L2"、【所选组件】栏选择【夹爪1】，单击▶图标，单击【应用】。

10）在【链接名称】栏输入"L3"、【所选组件】栏选择【夹爪2】，单击▶图标，单击【确定】。

11）双击【创建 机械装置】窗口中的【接点】命令，打开【创建 接点】窗口。【关节类型】栏选择【往复的】，通过特征点捕捉工具将图 4-43 所示的"第一个位置""第二个位置"的坐标值填入【创建 接点】窗口中对应位置的输入栏，【最小限值】栏中输入"0"、【最大限值】栏中输入"60"，单击【应用】命令。所填各项数值如图 4-43 所示。

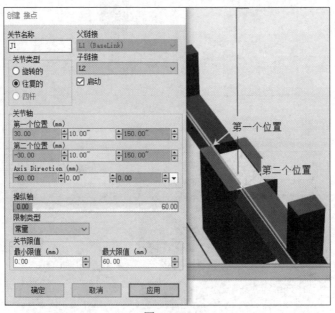

图 4-43

12)在【创建 连接】窗口的【关节名称】栏输入"J2"、【关节类型】栏选择【往复的】,【父链接】栏选择【L1(BaseLink)】、【子链接】栏选择"L3",通过特征点捕捉工具将图4-44所示的"第一个位置""第二个位置"的坐标值填入【创建 接点】窗口中对应位置的输入栏,【最小限值】栏中输入"0",【最大限值】栏中输入"60",单击【确定】命令。所填各项数值如图4-44所示。

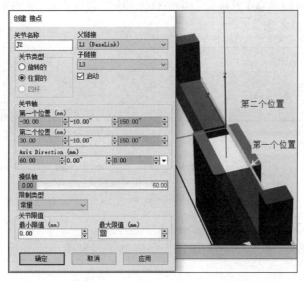

图 4-44

13)双击【创建 机械装置】窗口中的【工具数据】命令,在打开的【创建 工具数据】窗口的【工具数据名称】栏输入"Tool_3M"、【属于链接】栏选择【L1(BaseLink)】,将图4-45所示的"中心点"坐标值通过捕捉工具输入【位置(mm)】的输入栏,将获取到的Z轴坐标值加上40,【重量(kg)】栏填入"2"、【重心】栏填入"(0,0,30)",单击【确定】命令。

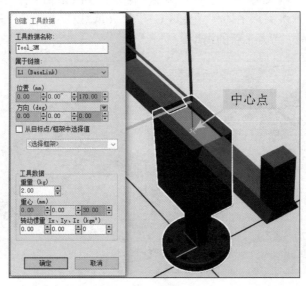

图 4-45

小贴士　【位置（mm）】栏中应当输入一个世界坐标值，用该值来确定工具TCP的位置。【方向(deg)】栏中应当输入三个角度值，这三个角度值描述的是工具坐标系方向与世界坐标系方向的相对关系，即世界坐标系绕其自身的X轴、Y轴、Z轴旋转指定的角度后所得到的坐标系方向即为工具坐标系的方向。

14）单击【创建 机械装置】窗口的【编译 机械装置】命令，通过【添加】命令，添加图4-46所示的原点姿态和夹紧姿态。

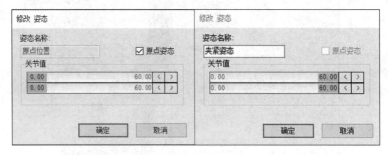

图　4-46

15）单击【关闭】命令，完成气动夹爪工具的创建。

16）此时气动夹爪工具已创建完成，为了能够重复利用，将气动夹爪工具机械装置保存为库文件"气动夹爪.rslib"。

4.2.3　双头气动夹爪

本小节将以双头气动夹爪为例，介绍如何创建含多个作业点的机器人工具。本小节二维码扫描资源中的"双头气动夹爪.rslib"展示了一个创建好的工具，其具体创建步骤如下。

1）新建一个空工作站，并保存。

2）依次单击【基本】选项卡—【导入模型】命令—【浏览库文件】命令，扫描上面二维码，将文件夹中的"双头夹爪主体""夹爪G1""夹爪G2""夹爪Y1""夹爪Y2"导入当前工作站中。图4-47为导入后的模型。

图　4-47

3）断开"双头夹爪主体""夹爪 G1""夹爪 G2""夹爪 Y1""夹爪 Y2"与库的连接。
4）将安装柄法兰几何中心点设为"双头夹爪主体"的本地原点，如图 4-48 所示。

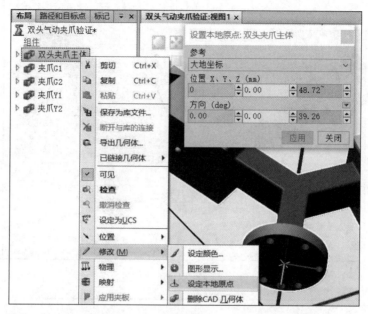

图 4-48

5）按图 4-49 所示的参数设置"双头夹爪主体"的位置。

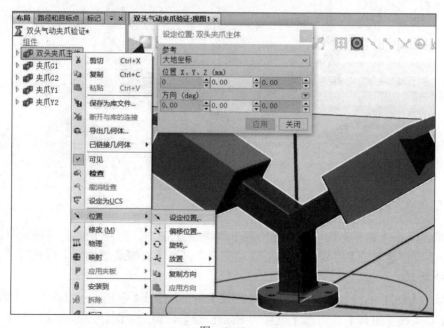

图 4-49

6）通过三点放置法，将"夹爪 G1""夹爪 G2"对齐"双头夹爪主体"绿色夹爪的燕尾槽，完成操作后，三者的位置关系如图 4-50 所示。
7）通过三点放置法，将"夹爪 Y1""夹爪 Y2"对齐"双头夹爪主体"黄色夹爪的燕尾槽，完成操作后，双头气动夹爪各部件的位置关系如图 4-51 所示。

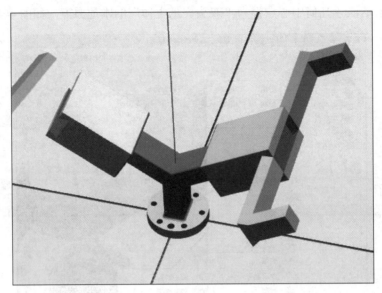

图 4-50

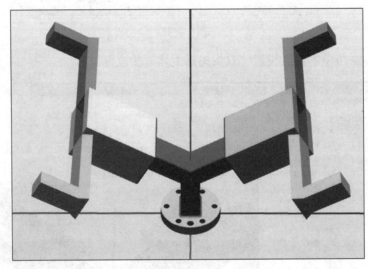

图 4-51

8）依次单击【建模】选项卡—【创建 机械装置】命令，打开【创建 机械装置】窗口。在【机械装置模型名称】栏输入"双头气动夹爪"，在【机械装置类型】中选择【工具】，如图 4-52 所示。

9）双击【创建 机械装置】窗口中的【链接】命令，打开【创建 链接】窗口。【所选组件】栏选择【双头夹爪主体】，勾选【设置为 BaseLink】，单击▶图标，单击【应用】。在【链接名称】栏输入"L2"、【所选组件】栏选择【夹爪 G1】，单击▶图标，单击【应用】；在【链接名称】栏输入"L3"、【所选组件】栏选择【夹爪 G2】，单击▶图标，单击【应用】；在【链接名称】栏输入"L4"、【所选组件】栏选择【夹爪 Y1】，单击▶图标，单击【应用】；在【链接名称】栏输入"L5"、【所选组件】栏选择【夹爪 Y2】，单击▶图标，单击【确定】。

操作完成后的效果如图 4-53 所示。

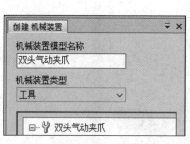

图 4-52

图 4-53

10）双击【创建 机械装置】窗口中的【接点】命令，打开【创建 接点】窗口。【关节类型】栏选择【往复的】，通过特征点捕捉工具将图 4-54 所示的"第一个位置""第二个位置"的坐标值填入【创建 接点】窗口中对应位置的输入栏，【最小限值】栏中输入"15"、【最大限值】栏中输入"45"，单击【应用】命令。所填各项数值如图 4-54 所示。

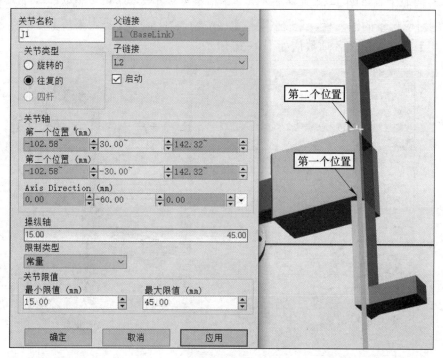

图 4-54

11）在【创建 连接】窗口的【关节名称】栏输入"J2"，【关节类型】栏选择【往复的】，通过特征点捕捉工具将图 4-55 所示的"第一个位置""第二个位置"的坐标值填入【创建 接点】窗口中对应位置的输入栏，【最小限值】栏中输入"15"、【最大限值】栏中输入"45"，单击【应用】命令。所填各项数值如图 4-55 所示。

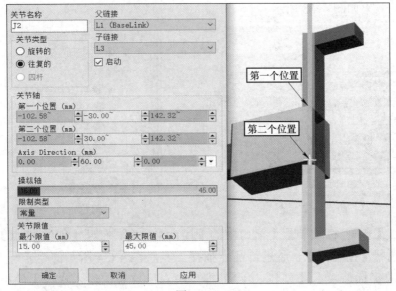

图 4-55

12）在【创建 连接】窗口的【关节名称】栏输入"J3"，【关节类型】栏选择【往复的】，通过特征点捕捉工具将图 4-56 所示的"第一个位置""第二个位置"的坐标值填入【创建 接点】窗口中对应位置的输入栏，【最小限值】栏中输入"15"、【最大限值】栏中输入"45"，单击【应用】命令。所填各项数值如图 4-56 所示。

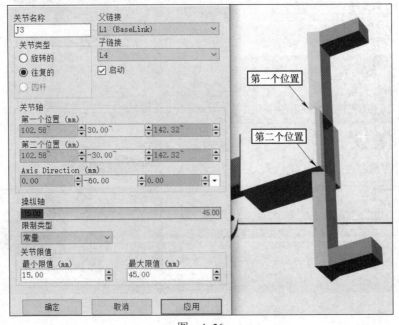

图 4-56

13）在【创建 连接】窗口的【关节名称】栏输入"J4"，【关节类型】栏选择【往复的】，通过特征点捕捉工具将图 4-57 所示的"第一个位置""第二个位置"的坐标值填入【创建 接点】窗口中对应位置的输入栏，【最小限值】栏中输入"15"、【最大限值】栏中输入"45"，单击【确定】命令。所填各项数值如图 4-57 所示。

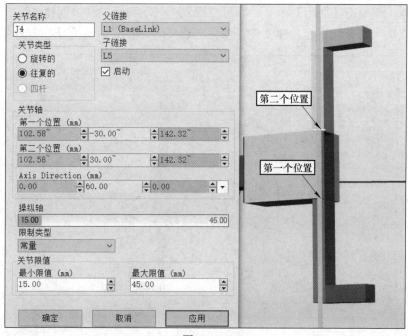

图 4-57

14）双击【创建 机械装置】窗口中的【工具数据】命令，在打开的【创建 工具数据】窗中按图 4-58 所示的参数进行设置。

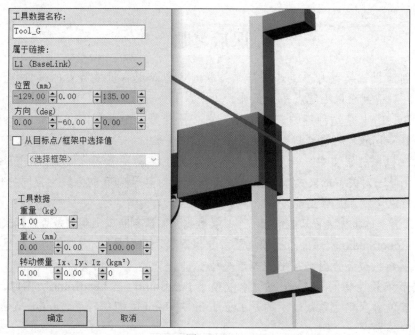

图 4-58

15）单击【创建 机械装置】窗口中的【工具数据】命令，然后右击，选择【添加工具数据】，在打开的【创建 工具数据】窗口中按图 4-59 所示的参数进行设置。

16）单击【创建 机械装置】窗口的【编译机械装置】命令，单击【添加】命令，添加一个原点姿态，再单击【关闭】命令，即可完成双头气动夹爪工具的创建。

17）将双头气动夹爪保存为库文件"双头气动夹爪.rslib"，保存于用户库中。

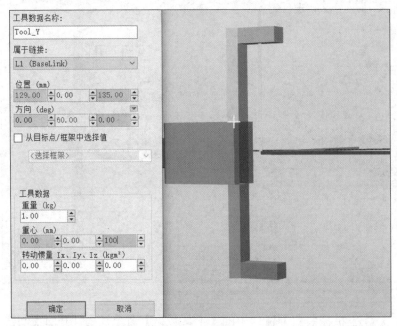

图 4-59

课后习题

（1）"创建机械装置时不能选择与库关联的模型或现有机械装置的部件作为新建机械装置的链接。"请判断以上观点是否正确。（　　　）

（2）"BaseLink 是运动链的起始位置，它必须是第一个关节的父关节，一个机械装置可以有多个 BaseLink。"请判断以上观点是否正确。（　　　）

（3）"在机械装置当中，一对关节的子关节发生位置姿态变化时其父关节不会发生位置姿态的变化，一对关节的父关节发生位置姿态变化时其子关节也会发生相同的位置姿态变化。"请判断以上观点是否正确。（　　　）

（4）"工具类的机械装置只能包含一个工具数据。"请判断以上观点是否正确。（　　　）

（5）在 RobotStudio 软件中，机械装置可分为四类，分别是：_____。

（6）在创建机械装置时，常用的关节类型有_____两类。

（7）关节依赖性指的是 Joint 的动作依赖于 LeadJoint，当 LeadJoint 动作时，Joint 到控制也发生关节位置变化。系数表示的是 LeadJoint 对 Joint 的控制程度，Joint、LeadJoint、系数三者之间的关系为：_____。

（8）将一个几何模型创建为工具时，往往将几何模型的本地原点设置在工具安装法兰的中心处，并将本地原点放置到机器人基坐标系下的（____，____，____）（填写坐标值）位置，以便工具创建好后能够正确地安装到机器人六轴法兰末端。

第 5 章
smart 组件的应用

➲ 知识要点

1. smart 组件概念
2. 常用 smart 子组件的作用
3. smart 组件的逻辑设计方法

➲ 技能目标

1. 掌握 smart 组件的创建步骤
2. 掌握常用 smart 子组件的使用方法
3. 掌握创建 smart 子组件间的属性、信号连接的方法
4. 掌握创建 smart 组件与工作站信号交互的方法
5. 掌握利用 I/O 仿真器对 smart 组件进行调试的方法
6. 掌握 RobotStudio 软件仿真环境参数设定

通过 RobotStudio 软件，可以创建逼真的机器人工作站动态仿真效果，这些炫酷的动态仿真效果基本上都是通过 smart 组件来创建的。本章将会通过几个典型的动态仿真效果案例，让大家领略工业机器人仿真技术的魅力。

5.1 CNC 自动门仿真效果

按本节所述步骤，读者可以创建一个由机器人 I/O 信号控制的 CNC 自动门的仿真效果。在开始以下步骤之前，扫描下面二维码播放视频文件"CNC 自动门 .mp4"来观看本案例将要实现的仿真效果。

5.1.1 CNC 自动门仿真逻辑设计

本案例主要由 CNC 和机器人两部分组成，CNC 具有 2 个输入信号、2 个输出信号、2 个动作执行效果，机器人具有 2 个输入信号、2 个输出信号。CNC 自动门仿真效果的逻辑设计如图 5-1 所示。

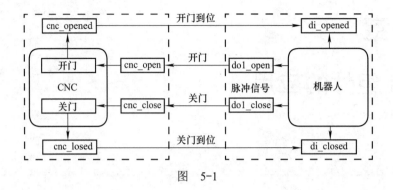

图 5-1

5.1.2 CNC 自动门的子组件组成

按以下步骤操作可创建一个 smart 组件，并为其添加所需的子组件。

1) 新建一个空白工作站。
2) 导入 IRB1200 机器人模型。
3) 从布局创建系统，并设定中文为机器人控制系统默认语言。
4) 依次单击【建模】选项卡－【smart 组件】命令，新建 smart 组件。
5) 如图 5-2 所示，在布局栏中将新建的 smart 组件重命名为 "CNC 自动门"。
6) 如图 5-3 所示，在【CNC 自动门】的编辑窗口中，单击【添加组件】，打开添加组件快捷菜单。

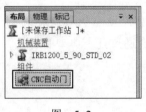

图 5-2

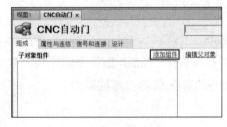

图 5-3

7) 如图 5-4 所示，在弹出的快捷菜单中单击 导入模型库 图标，浏览本书素材的存放路径，将下面二维码中的 "CNC 自动门 .rslib" 模型添加到 CNC 自动门 smart 组件中。

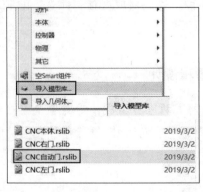

图 5-4

8）如图 5-5 所示，在 smart 组件编辑窗口，依次单击【添加组件】—【本体】—【PoseMover】，将 PoseMover 子组件添加到 CNC 自动门 smart 组件中。

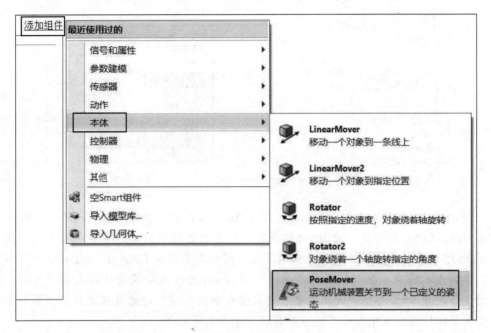

图 5-5

9）参照上一步骤，将表 5-1 中所列的子组件添加到 CNC 自动门 smart 组件中。

表 5-1

序号	类别	子组件	数量	子组件作用
1	本体	PoseMover	2	将机械装置运动到一个已定义的姿态
2	信号和属性	LogicSRLatch	2	脉冲信号锁定，使信号状态得以保存

> **小贴士** CNC 自动门作为读者接触的第一个动态仿真案例，它是十分简单的，它仅由 1 个机械装置和 4 个子组件组成。本案例中所用到的机械装置是在第 4.1 节所完成的作品。如果对于机械装置的创建方法不熟悉，请及时复习本书第 4 章相关内容！

5.1.3 CNC 自动门的属性与信号链接

上一小节中，已经将 CNC 自动门所需的子组件添加完成，本节将对各子组件进行属性参数设定以及进行子组件间的信号连接。请按下面步骤完成一系列的操作。

1）在【CNC 自动门】编辑窗口中，单击【组成】命令，将所有的子组件对象显示出来，如图 5-6 所示。

2）选中【CNC 自动门】机械装置，然后右击，在弹出的快捷菜单中单击【设定为 Role】，如图 5-7 所示。

图 5-6

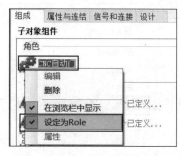
图 5-7

小贴士　Role 的字面意思是角色、主角，在 Robotstudio 软件中的意思是指将子组件设定为 smart 组件的主要部件，使 smart 组件得以继承该部件的坐标位置等属性信息。例如，smart 组件中包含一个工具类的机械装置，将该工具设为 Role 后，smart 组件得以继承工具的本地原点、坐标位置等属性，若将该 smart 组件安装到机器人法兰末端，则被设定为 Role 的工具也将被正确安装到机器人法兰末端。勾选【在浏览栏中显示】，可以使子组件在浏览中显示，还可对其进行重命名等操作。

3）在【子对象组件】列表中选中【PoseMover】子组件，然后右击，在弹出的快捷菜单中单击【属性】，打开选中的子组件的属性窗口，如图 5-8 所示。

4）按图 5-9 所示设定 PoseMover 的属性，然后单击【应用】。

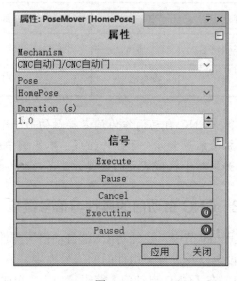

图 5-8　　　　　　　　图 5-9

5）在【子对象组件】列表中选中【PoseMover_2】子组件，然后右击，在弹出的快捷菜单中单击【属性】，打开选中的子组件的属性窗口，如图 5-10 所示。

6）按图 5-11 所示设定 PoseMover 的属性，然后单击【应用】。

第 5 章 smart 组件的应用

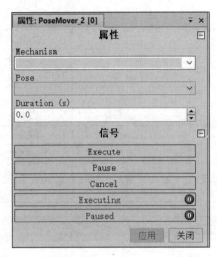

图 5-10

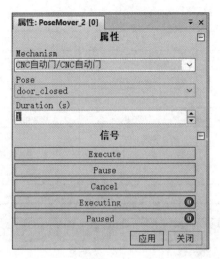

图 5-11

7）如图 5-12 所示，在【CNC 自动门】编辑窗口中，单击【设计】命令，进入 smart 组件逻辑设计窗口。

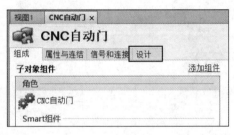

图 5-12

8）单击 输入 + 图标，为 CNC 自动门 smart 组件添加输入信号，需要添加的输入信号见表 5-2。

表 5-2

序 号	信 号 类 型	信 号 名 称
1	Digital Input	cnc_open
2	Digital Input	cnc_close

9）单击 输出 + 图标，为 CNC 自动门 smart 组件添加输出信号，需要添加的输入信号见表 5-3。

表 5-3

序 号	信 号 类 型	信 号 名 称
1	DigitalOutput	cnc_opend
2	DigitalOutput	cnc_closed

10）按表 5-4 所示信息，单击连线的起点信号，按住鼠标左键不放，拖拽至终点信号后释放鼠标左键，进行子组件间的信号连接。完成后的连线如图 5-13 所示。

表 5-4

序 号	起点信号	起点信号来源	终点信号	终点信号来源
1	cnc_open	CNC 自动门	Execute	PoseMover
2	Executed	PoseMover	set	LogicSRLatch
3	Executed	PoseMover	Reset	LogicSRLatch_2
4	Output	LogicSRLatch	cnc_opened	CNC 自动门
5	cnc_close	CNC 自动门	Execute	PoseMover_2
6	Executed	PoseMover_2	set	LogicSRLatch_2
7	Executed	PoseMover_2	Reset	LogicSRLatch
8	Output	LogicSRLatch_2	cnc_closed	CNC 自动门

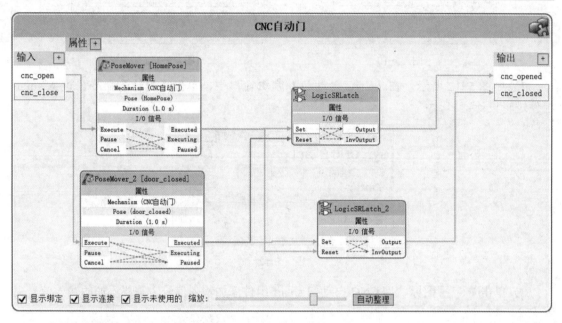

图 5-13

创建子组件间的信号和信号连接的另一种方式是通过单击 smart 组件编辑窗口的【信号和连接】命令，在打开的信号连接窗口进行信号连接。下面以创建表 5-4 中的序号为 1 的信号连线为例，介绍此种方式的使用方法：

① 如图 5-14 所示，单击【信号和连接】命令，进入信号连接窗口。

② 如图 5-15 所示，单击【添加 I/O Signals】，创建 cnc_open 信号。

图 5-14

图 5-15

③ 如图 5-16 所示，单击【添加 I/O Connection】，在弹出的窗口中填入图 5-17 所示信息，单击【确定】即可创建表 5-4 中序号为 1 的信号连线。

图 5-16

图 5-17

11）完成子组件的属性设置和信号连接后，通过 I/O 仿真器给出 smart 组件所需的信号，并对其进行调试。如图 5-18 所示，单击【仿真】选项卡，单击【I/O 仿真器】命令，可打开 I/O 仿真器窗口。

图 5-18

12）如图 5-19 所示，在 I/O 仿真器窗口中选择【选择系统】为【CNC 自动门】，然后双击输入信号 cnc_close，使其发出一个脉冲，CNC 自动门关闭。CNC 自动门关闭完成后，输出信号 cnc_closed 的状态变成 1。此时，双击输入信号 cnc_open，使其发出一个脉冲，CNC 自动门打开。自动门打开动作完成后，输出信号 cnc_opened 的状态变为 1。如未实现预期效果，则需检查之前各步骤是否已正确完成。

图 5-19

5.1.4 CNC 自动门与工作站的信号交互

要实现 CNC 的门受机器人的控制，能够由机器人程序控制自动开合，还需要构建 CNC 自动门 smart 组件与机器人控制器的信号交互。按下面步骤可以创建 CNC 自动门 smart 组件与机器人虚拟控制器的信号交互。

1）为机器人配置表 5-5 所示的虚拟信号，然后重启控制器。

表 5-5

序 号	信 号 类 型	信 号 名 称
1	Digital Input	di_opened
2	Digital Input	di_closed
3	Digital Output	do_open
4	Digital Output	do_close

2）为机器人编写如下程序：
PROC main()
    PulseDO\PLength:=0.2,do_open;
    WaitTime 5;
    PulseDO\PLength:=0.2,do_close;
    WaitTime 5;
ENDPROC

3）如图 5-20，单击【仿真】选项卡，然后单击【工作站逻辑】命令，单击【设计】命令，打开工作站逻辑设计窗口。

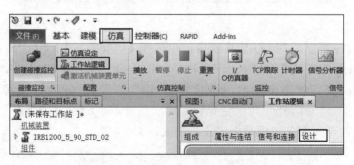

图 5-20

4）如图 5-21 所示，单击机器人控制器【I/O 信号】旁的下拉列表图标，单击已创建的机器人 I/O 信号，可以将其加载到控制器图框两侧。依次加载 di_opened、di_closed、do_open、do_close。

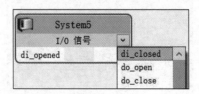

图 5-21

5）按照表 5-6 所示信息，创建 CNC 自动门 smart 组件与机器人控制器间的信号连接。

表 5-6

序 号	起点信号	起点信号来源	终点信号	终点信号来源
1	do_open	机器人控制器	cnc_open	CNC 自动门
2	do_close	机器人控制器	cnc_close	CNC 自动门
3	cnc_opened	CNC 自动门	di_opened	机器人控制器
4	cnc_closed	CNC 自动门	di_closed	机器人控制器

6）在【仿真】选项卡窗口，单击【仿真设定】命令，在仿真设定窗口中按图 5-22 所示信息设定对应项。

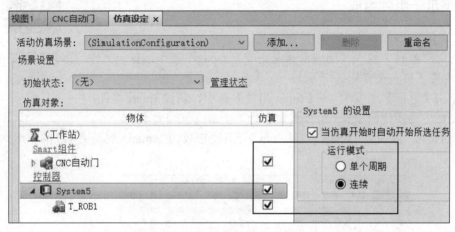

图 5-22

7）单击【仿真】选项卡，再单击【播放】命令，即可实现 CNC 自动门被机器人程序控制，每 5s 打开 / 闭合一次的仿真效果。扫描上面的二维码可下载已完成的工作站打包文件。

5.2 气动夹爪仿真效果

按本节所述步骤，读者可以创建一个由机器人 I/O 信号控制的气动夹爪的仿真效果。在开始以下步骤之前，扫描下面二维码播放视频文件"气动夹爪 .mp4"来观看本案例将要实现的仿真效果。

5.2.1 气动夹爪仿真逻辑设计

本案例主要由工件源 smart 组件、气动夹爪 smart 组件和机器人三部分组成。工件源与机器人之间有一组信号连接，机器人每发出一个脉冲信号，工件源就产生一个工件。气动夹爪与机器人有 2 组信号连接，一组信号连接用于机器人发出信号控制夹爪的张闭，另一组信号连接用于反馈夹爪的状态，为了简化结构，可将工件源和气动夹爪做到同一个 smart 组件中。仿真效果的逻辑设计如图 5-23 所示。

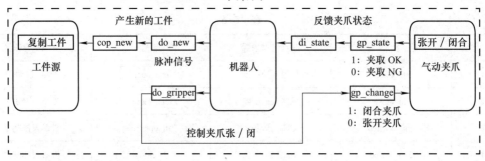

图 5-23

5.2.2 气动夹爪子组件组成

操作步骤如下：

1）打开上面二维码中的"气动夹爪（未完成）.rspag"工作站打包文件。本案例所需的几何模型都已内置于打包文件内。

2）依次单击【建模】选项卡 —【smart 组件】命令，新建 smart 组件。

3）在布局栏中将新建的 smart 组件重命名为"smart_气动夹爪"。

4）将"气动夹爪"拖拽到"smart_气动夹爪"下，使它成为"smart_气动夹爪"的子组件，如图 5-24 所示。

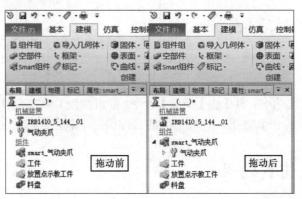

图 5-24

5）将"气动夹爪"设定为"smart_气动夹爪"的 Role，如图 5-25 所示。

图 5-25

第 5 章　smart 组件的应用

6）将图 5-26 所列的子组件添加到"smart 气动夹爪"中。

图　5-26

5.2.3　气动夹爪的属性与信号连接

操作步骤如下：

1）按图 5-27 所示内容，设定 Source 的属性。
2）按图 5-28 所示内容，设定 PoseMover[0] 的属性。

　　　图　5-27　　　　　　　　　　　图　5-28

3）按图 5-29 所示内容，设定 PoseMover_2 的属性。
4）按图 5-30 所示内容，设定 Attacher 的属性。
5）按图 5-31 所示的内容，设定 Detacher 的属性。
6）把机器人各关节轴姿态设定为（0,0,0,0,90,0），按图 5-32 所示内容，设定 LineSensor

的属性。

图 5-29

图 5-30

图 5-31

图 5-32

7）将 LineSensor 安装到气动夹爪（不更新位置），使之能跟随气动夹爪一起移动。

8）将气动夹爪设定为不可由传感器检测，以避免 LineSensor 的错误感应。

9）如图 5-33 所示，单击 smart 组件编辑窗口的【属性和连结】命令。

图 5-33

10）如图 5-34 所示，在【属性连结】窗口单击【添加连结】命令，进行对象的属性关联。

需要创建的属性连结如图 5-35 所示。

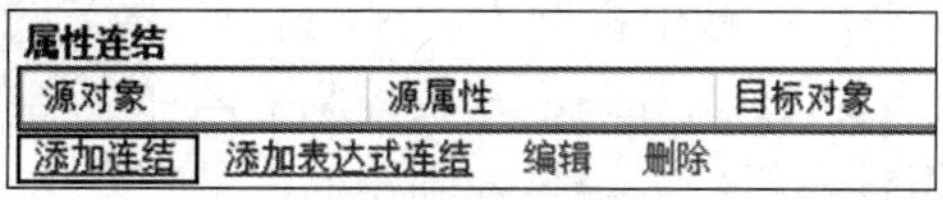

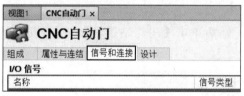

图 5-34

图 5-35

11）如图 5-36 所示，单击 smart 组件编辑窗口的【信号和连接】命令，进入【信号和连接】窗口。

12）如图 5-37 所示，在【信号和连接】窗口单击【添加 I/O Signals】命令，进入信号创建窗口。需要创建的信号如图 5-38 所示。

图 5-36

图 5-37

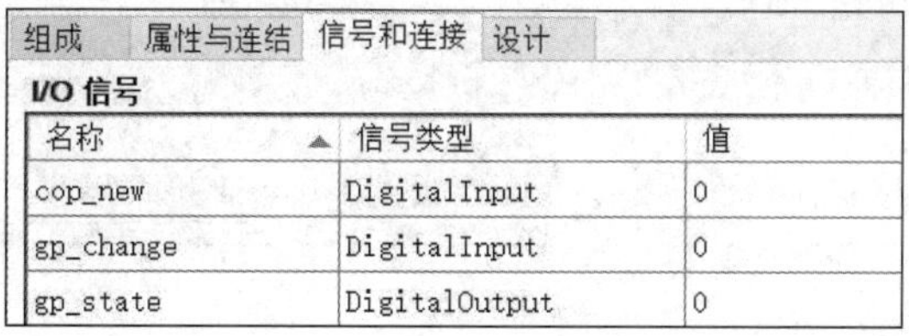

名称	信号类型	值
cop_new	DigitalInput	0
gp_change	DigitalInput	0
gp_state	DigitalOutput	0

图 5-38

13）如图 5-39 示，在【信号和连接】窗口单击【添加 I/O Connection】命令，进入信号连接创建窗口。需要创建的信号连接如图 5-40 所示。

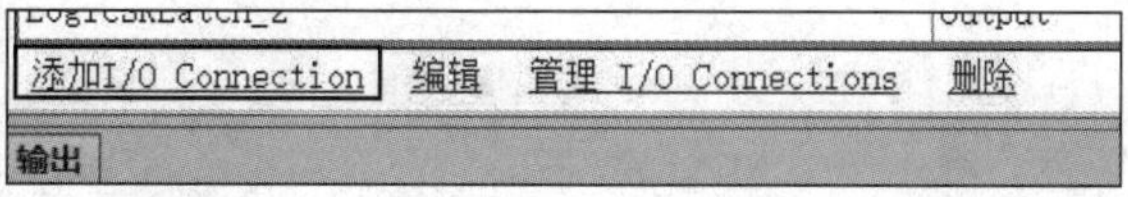

图 5-39

源对象	源信号	目标对象	目标对象
smart_气动夹爪	cop_new	Source	Execute
smart_气动夹爪	gp_change	LineSensor	Active
LineSensor	SensorOut	PoseMover_2 [夹紧姿态]	Execute
PoseMover_2 [夹紧姿态]	Executed	Attacher	Execute
Attacher	Executed	LogicSRLatch	Set
LogicSRLatch	Output	smart_气动夹爪	gp_state
smart_气动夹爪	gp_change	LogicGate [NOT]	InputA
LogicGate [NOT]	Output	Detacher	Execute
Detacher	Executed	PoseMover [SyncPose]	Execute
PoseMover [SyncPose]	Executed	LogicSRLatch	Reset

图 5-40

5.2.4 气动夹爪与工作站的信号交互

要实现气动夹爪受机器人的控制,使得气动夹爪能够由机器人程序控制夹爪的张闭和工件的附着效果,还需要构建气动夹爪 smart 组件与机器人控制器的信号交互。按下面步骤可以创建气动夹爪 smart 组件与机器人虚拟控制器的信号交互。

1)创建图 5-41 所示的机器人 I/O 信号。上面二维码提供的工作站中已创建好这些信号,读者可以使用已经创建好的 I/O 信号,也可将其删除,重新创建。

Name	Type of Signal	Assigned to Device
di_state	Digital Input	
do_gripper	Digital Output	
do_new	Digital Output	

图 5-41

2)如图 5-42 所示,单击【仿真】选项卡,然后单击【工作站逻辑】命令,进入工作站逻辑窗口。

图 5-42

3)如图 5-43 所示,在工作站逻辑窗口单击【添加 I/O Connection】,进入 smart 组件与虚拟工作站的信号连接创建窗口。

需要创建的信号连接如图 5-44 所示,这些信号连接即是气动夹爪 smart 组件与机器人虚拟控制器的信号交互。

图 5-43

图 5-44

4)工作站中已经写入了用于测试仿真效果的 RAPID 程序,单击【仿真】选项卡,然后单击【播放】命令,验证是否达到"气动夹爪 .mp4"文件所演示的仿真效果。如未实现预期效果,请逐步检查以上各步骤是否已正确完成。

5.3 传输带仿真效果

按本节所述步骤,读者可以创建一个自动传输工件的传输带仿真效果。在开始以下步骤之前,扫描上面二维码播放视频文件"传输带仿真 .mp4"来观看本案例将要实现的仿真效果。本节二维码扫描资源中的"传输带仿真（完成）.rslib"文件，以虚拟工作站的形式展示了创建完成的传输带仿真效果。

5.3.1 传输带仿真逻辑设计

本案例是在 5.2 节工作站上增加传输带 smart 组件。工作站主要由传输带 smart 组件、工件源 smart 组件、气动夹爪 smart 组件和机器人四部分组成，传输带与机器人之间没有信号连接。传输带感应到机器人放入的工件后，延时 1s，自动将工件传送出传输带。传输带仿真效果的逻辑设计如图 5-45 所示。

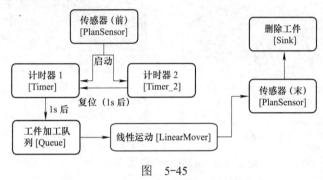

图 5-45

5.3.2 传输带的子组件组成

具体步骤如下：

1）扫描上面二维码并下载"传输带仿真（未完成）.rspag"工作站打包文件。

2）在布局栏中将新建的 smart 组件重命名为"smart_传输带"。

3）将【传输带】拖拽到【smart_传输带】下，使它成为"smart_传输带"子组件，并将【传输带】设置为 Role。

4）在【smart_传输带】编辑窗口中，单击【添加组件】，打开添加组件快捷菜单。

5）按图 5-46 所列的子组件添加到【smart_传输带】中。

图 5-46

5.3.3 传输带的属性与信号连接

具体步骤如下：

1) 按图 5-47 所示内容，设定 PlaneSensor 前的属性。
2) 按图 5-48 所示内容，设定 PlaneSensor 末的属性。

图 5-47　　　　　　　　图 5-48

3) 按图 5-49 所示内容，设定 LinearMover 的属性。
4) 按图 5-50 所示内容，设定 Timer 的属性。

图 5-49　　　　　　　　图 5-50

5) 按图 5-51 所示内容，设定 Timer_2 的属性。

图 5-51

6）将传输带设定为不可由传感器检测，以避免传感器的错误感应。

7）进入【smart_传输带】组件编辑的【属性与连结】窗口，添加属性连结，如图 5-52 所示。

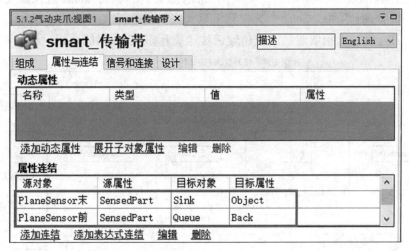

图 5-52

8）进入【smart_传输带】组件编辑的【信号和连接】窗口，添加 I/O 连结，如图 5-53 示。

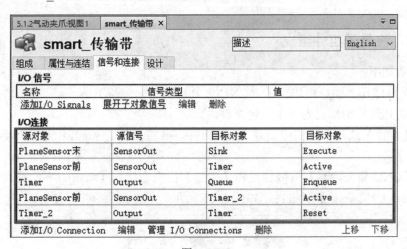

图 5-53

9）工作站中已经写入了用于测试仿真效果的 RAPID 程序，单击【仿真】选项卡，然后单击【播放】命令，验证是否达到"传输带仿真 .mp4"文件所演示的仿真效果。如未实现预期效果，请逐步检查以上各步骤是否已正确完成。

5.4　CNC 夹具仿真效果

按本节所述步骤，读者可以创建一个由机器人 I/O 信号控制的 CNC 夹具的仿真效果。在开始以下步骤之前，扫描上面二维码播放视频文件"CNC 夹具 .mp4"来观看本案例将要实现的仿真效果。

5.4.1 CNC夹具仿真逻辑设计

本案例综合了前面小节学习的气动夹爪 smart 组件、传输带 smart 组件以及本小节要学习的 CNC 夹具 smart 组件。CNC 夹具收到机器人夹紧信号后夹紧毛坯进行加工，加工完成后自动打开夹具，机器人拾取成品放置传输带传送离开。仿真效果的逻辑设计如图 5-54 所示。

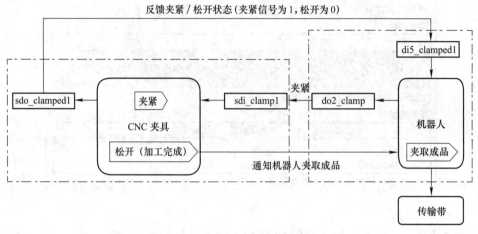

图 5-54

5.4.2 CNC 夹具子组件组成

具体步骤如下：

1) 下载并打开上面二维码中的"CNC 夹具仿真（未完成）.rspag"工作站打包文件。本案例所需的几何模型都已内置于打包文件内。

2) 在【建模】选项卡窗口中新建 smart 组件，并将新建的 smart 组件重命名为"smart_CNC 夹具"。

3) 将【CNC 装夹治具】机械装置和【成品】模型拖拽到【smart_CNC 夹具】下，使它们成为【smart_CNC 夹具】子组件，如图 5-55 所示。

图 5-55

第 5 章　smart 组件的应用

4）按图 5-56 所列的子组件添加到【Smart_CNC 夹具】中。

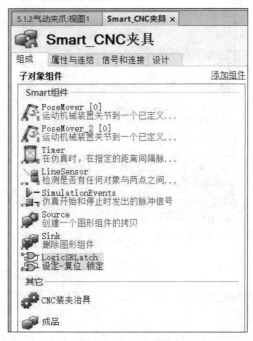

图　5-56

5.4.3　CNC 夹具的属性与信号连接

具体步骤如下：

1）按图 5-57 所示内容，设定 PoseMover 的属性。

2）按图 5-58 所示内容，设定 PoseMover_2 的属性。

 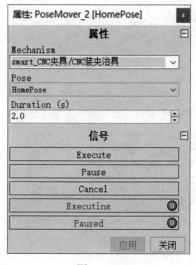

　　图　5-57　　　　　　　　　图　5-58

3）按图 5-59 所示内容，设定 Timer 的属性。

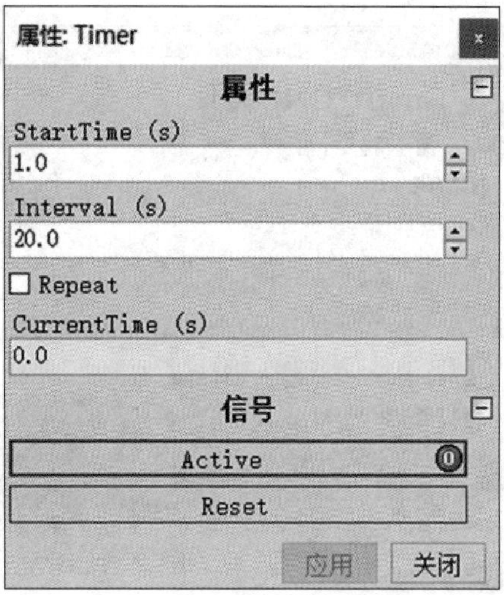

图 5-59

说明：Interval 是指每个脉冲间的仿真时间，如果信号只执行一次（不勾选【Repeat】），Interval 的值是多少都没关系。

4）按图 5-60 所示内容设定 LineSensor 的属性，并把 CNC 装夹治具设为不可由传感器检测。

5）按图 5-61 所示内容设定 Source 的属性。

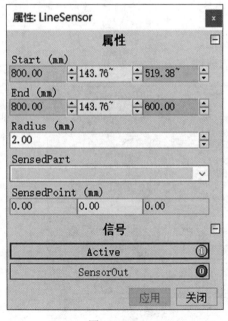

图 5-60

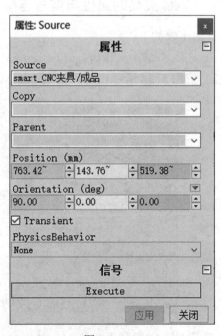

图 5-61

6）进入【smart_CNC 夹具】组件编辑的【属性与连结】窗口，添加图 5-62 所示连结。

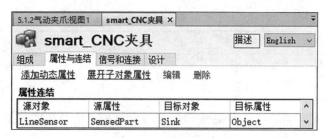

图 5-62

7）进入【smart_CNC 夹具】组件编辑的【信号和连接】窗口，单击【添加 I/O Signals】命令，创建图 5-63 所示 I/O 信号。

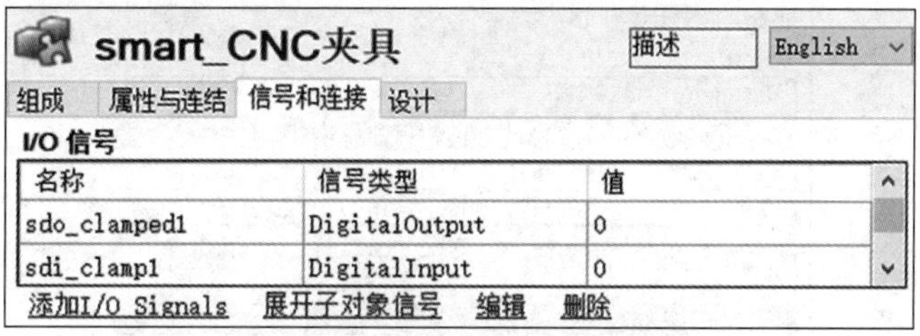

图 5-63

8）在【信号和连接】窗口，继续单击【添加 I/O Connection】命令，添加图 5-64 所示 I/O 连接。

源对象	源信号	目标对象	目标对象
SimulationEvents	SimulationStarted	PoseMover_2 [HomePose]	Execute
smart_CNC夹具	sdi_clamp1	PoseMover [closed]	Execute
PoseMover [closed]	Executed	LogicSRLatch	Set
LogicSRLatch	Output	smart_CNC夹具	sdo_clamped1
LogicSRLatch	Output	Timer	Active
PoseMover [closed]	Executed	Timer	Reset
Timer	Output	Source	Execute
Source	Executed	Sink	Execute
Sink	Executed	PoseMover_2 [HomePose]	Execute
PoseMover_2 [HomePose]	Executed	LogicSRLatch	Reset

图 5-64

5.4.4 CNC 夹具与工作站的信号交互

要实现 CNC 夹具受机器人的控制，使得 CNC 夹具能够由机器人程序控制夹具的夹取效果，还需要构建 smart_CNC 夹具与机器人控制器的信号交互。按下面步骤可以创建 CNC 夹具 smart 组件与机器人虚拟控制器的信号交互。

1）创建表 5-7 所示的机器人的虚拟 I/O 信号。本节二维码提供的工作站中已创建好这些信号，读者可以使用已经创建好的 I/O 信号，也可将其删除，重新创建。

表 5-7

序 号	信号类型	信号名称
1	DigitalOutput	do2_clamp
2	DigitalInput	di5_clamped1

2）在【仿真】选项卡的【工作站逻辑】窗口中单击【信号和连接】选项卡，单击【添加 I/O Connection】，创建图 5-65 所示的线框中的信号连接，这些信号连接即是 CNC 夹具 smart 组件与机器人虚拟控制器的信号交互。

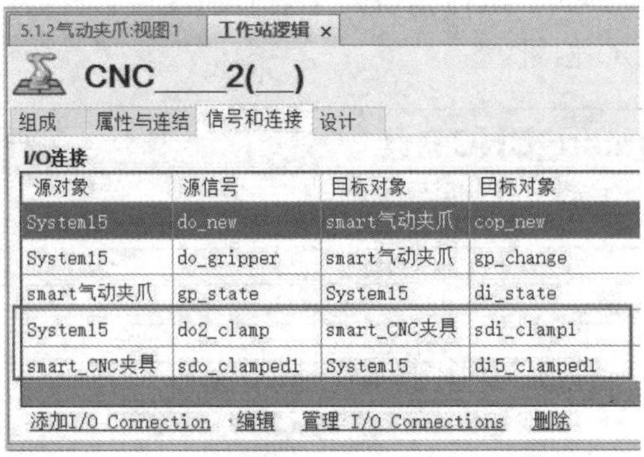

图 5-65

3）保存当前仿真状态。

4）工作站中已经写入了用于测试仿真效果的 RAPID 程序，单击【仿真】选项卡，然后单击【播放】命令，验证是否达到 "CNC 夹具 .mp4" 文件所演示的仿真效果。如未实现预期效果，复位之前保存的仿真状态，在该状态下逐步检查以上各步骤是否已正确完成。

课后习题

（1）在 smart 组件中，可以在_____窗口进行对象的属性连结，也可以在【设计】窗口以连线的方式进行连接，连线的颜色为_____。

（2）在 smart 组件中，可以在_____窗口中进行对象信号之间的连接，也可以在【设计】窗口中以连线的方式进行连接，连线的颜色为_____。

（3）在 smart 组件中，可以把子组件设定为 Role，设定为 Role 的目的是使_____ _____。

（4）如果要实现 smart 组件与工作站信号交互，需在_____窗口进行相关设定。

（5）案例实操：扫描下面第 1 个二维码下载 "第 5 章课后练习 .rspag"，在此工作站上灵活运用 smart 组件实现如下效果（效果视频可以扫描下面第 2 个二维码下载 "第 5 章课后练习效果 .mp4" 查看）：

1）通过信号生成复制。
2）复制沿直线运动碰到传感器停止运动。
3）后面生成的复制碰到前面的复制即停止运动。

第 6 章

基本 smart 子组件一览

○ **知识要点**
1. 基本 smart 组件功能认知
2. 常用 smart 子组件的属性连接及信号连接

○ **技能目标**
1. 能够熟练使用常用的 smart 组件
2. 能够完成书中案例仿真效果的创建
3. 能够创建一个自己预设的仿真效果

6.1 信号和属性类子组件

1. LogicGate（进行数字信号的逻辑运算）

Output 信号由 InputA 和 InputB 这两个信号的 Operator 中指定的逻辑运算设置，延迟在 Delay 中指定，其属性及信号说明见图 6-1 和表 6-1。

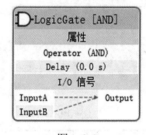

图 6-1

表 6-1

属　　性	说　　明
Operator	使用的逻辑运算的运算符：AND、OR、XOR、NOT、NOP
Delay	用于设定输出信号变化延迟时间
信　　号	说　　明
InputA	第一个输入信号
InputB	第二个输入信号
Output	逻辑运算的结果

2. LogicExpression（逻辑运算表达式）

LogicExpression 仅支持逻辑运算符 And、Or、Not、Xor，表达式中涉及的运算对象会自动生成输入信号接口，其属性及信号详细说明见图 6-2 和表 6-2。

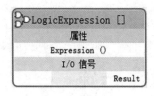

图 6-2

表 6-2

属　性	说　明
Expression	填入要运算的逻辑表达式
信　号	说　明
Result	输出逻辑表达式的值

3．LogicMux（选择一个输入信号）

依照 Output =(Input A * NOT Selector) + (Input B * Selector) 逻辑运算表达式设定 Output，起到选择两路信号当中输出哪一路信号值的作用，其属性及信号详细说明见图 6-3 和表 6-3。

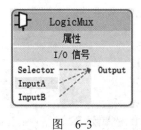

图 6-3

表 6-3

信　号	说　明
Selector	设定为 0，选择第一个输入 设定为 1，选择第二个输入
InputA	第一个输入
InputB	第二个输入
Output	结果

4．LogicSplit（把输入信号的输出状态和脉冲状态作为 LogicSplit 的输出值）

LogicSplit 读取 Input 的状态，当 Input 为 0 时，OutputHigh 为 0 且 OutputLow 为 1；当 Input 为 1 时，OutputHigh 为 1 且 OutputLow 为 0。Input 由 0 变为 1 时，PulseHigh 发出脉冲，Input 由 1 变为 0 时，PulseLow 发出脉冲，其属性及信号详细说明见图 6-4 和表 6-4。

图 6-4

第 6 章 基本 smart 子组件一览

表 6-4

信 号	说 明
Input	指定输入信号，值"1"或"0"
OutputHigh	当 Input 为 1 时转为 High（1）
OutputLow	当 Input 为 1 时转为 High（0）
PulseHigh	当 Input 设置为 High 时发送脉冲
PulseLow	当 Input 设置为 Low 时发送脉冲

5. LogicSRLatch（用于置位/复位信号，并能将输出信号取反）

LogicSRLatch 有一种稳定状态，当 Set 由 0 变成 1 后，InvOutput=0，Output=1；当 Reset 由 0 变成 1 后，InvOutput=1，Output=0，其属性及信号详细说明见图 6-5 和表 6-5。

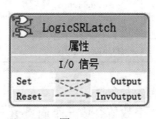

图 6-5

表 6-5

信 号	说 明
Set	设置输出信号
Reset	复位输出信号
Output	指定输出信号
InvOutput	指定反转输出信号

6. Converter（属性值和信号值之间进行转换）

Converter 属性及信号详细说明见图 6-6 和表 6-6。

图 6-6

表 6-6

属　性	说　明
AnalogProperty	转换为 AnalogOutput
DigitalProperty	转换为 DigitalOutput
GroupProperty	转换为 GroupOutput
BooleanProperty	由 DigitalInput 转换为 DigitalOutput

信　号	说　明
DigitalInput	转换为 DigitalProperty
DigitalOutput	由 DigitalProperty 转换
AnalogInput	转换为 AnalogProperty
AnalogOutput	由 AnalogProperty 转换
GroupInput	转换为 GroupProperty
GroupOutput	由 GroupProperty 转换

7. VectorConverter（向量合成）

VectorConverter 的作用是将 3 个数值合成一个向量值，其属性及信号详细说明见图 6-7 和表 6-7。

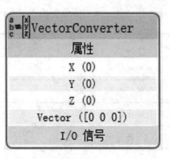

图 6-7

表 6-7

属　性	说　明
X	指定 Vector 的 X 值
Y	指定 Vector 的 Y 值
Z	指定 Vector 的 Z 值
Vector	指定向量值

8. Expression（数学运算表达式）

数学运算表达式包括数字、字符、圆括号、数学运算符 +、-、*、/、^（幂）和数学函数 sin、cos、sqrt、atan、abs。除此之外，任何其他的字符串被视作变量，作为添加的附加信息。

结果将显示在 Result 中。Expression 属性及信号详细说明见图 6-8 和表 6-8。

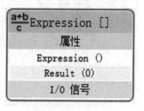

图 6-8

表 6-8

属性	说明
Expression	指定要计算的表达式
Result	显示计算结果

9. Comparer（属性信号对比）

Comparer 使用 Operator 中的比较运算符对 ValueA 的值和 ValueB 的值进行比较。当表达式成立时 Output=1，当表达式不成立时 Output=0。Comparer 属性及信号详细说明见图 6-9 和表 6-9。

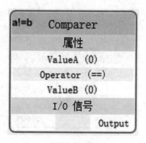

图 6-9

表 6-9

属性	说明
ValueA	指定第一个值
ValueB	指定第二个值
Operator	指定比较运算符有 ==、!=、>、>=、<、<=
信号	说明
Output	当比较结果为 True 时表示为 1，否则为 0。

10. Counter（计数器）

当 Increase 由 0 变为 1 时，Count 增加 1；当 Decrease 由 0 变为 1 时，Count 减少 1；当 Reset 由 0 变为 1 时，Count 被重置为 0。Counter 属性及信号详细说明见图 6-10 和表 6-10。

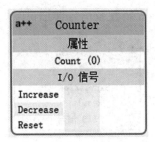

图 6-10

表 6-10

属 性	说 明
Count	指定当前值
信 号	说 明
Increase	当该信号设为 True 时,将在 Count 中加 1
Decrease	当该信号设为 True 时,将在 Count 中减 1
Reset	当 Reset 设为 high 时,将 Count 复位为 0

11. Repeater(脉冲信号发生器)

当 Execute 由 0 变为 1 后,在 Output 信号接口输出 Count 次脉冲,其属性及信号详细说明见图 6-11 和表 6-11。

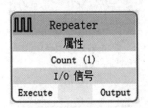

图 6-11

表 6-11

属 性	说 明
Count	脉冲输出信号的次数
信 号	说 明
Execute	设置为 High(1)开始执行脉冲输出
Output	输出脉冲

12. Timer(定时器)

当使能信号 Active 持续为 1 时,当前时间 CurrentTime 持续递增计时,当前值等于 StartTime 的值时,将在 Output 接口输出首个脉冲,若 Repeat 的值为 True,首个脉冲触发后,每隔 Interval 中指定的时间,将再次触发一个脉冲信号。当 Active 为 0 时,当前值 CurrentTime 将停止递增,当 Reset 为 1 时,当前值 CurrentTime 将被重置为 0。Timer 属性及信号详细说明见图 6-12 和表 6-12。

第 6 章　基本 smart 子组件一览

图 6-12

表 6-12

属　性	说　明
StartTime	指定触发第一个脉冲前的时间
Interval	指定每个脉冲间的仿真时间
Repeat	指定信号是重复还是仅执行一次
Current Time	指定当前仿真时间
信　号	说　明
Active	将该信号设为 True 启用 Timer，设为 False 停用 Timer
Output	在指定时间间隔发出脉冲
Reset	设定为 high（1）来复位当前计时

13. MultiTimer（仿真期间特定时间发出的脉冲数字信号）

MultiTimer 属性及信号详细说明见图 6-13 和表 6-13。

图 6-13

表 6-13

属　性	说　明
Count	信号数
CurrentTime	指定当前仿真时间
信　号	说　明
Active	设定为 high（1）来激活计时器
Reset	设定为 high（1）来复位当前计时
Output 1	在指定时间间隔发出脉冲

14. StopWatch（为仿真计时）

StopWatch 计算了仿真时间（TotalTime）。触发 Lap 输入信号将开始新的循环。LapTime 显示当前单圈循环的时间。只有 Active 设为 1 时才开始计时。当设置 Reset 输入信号时，时间将被重置。StopWatch 属性及信号详细说明见图 6-14 和表 6-14。

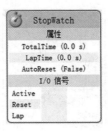

图 6-14

表 6-14

属　性	说　明
TotalTime	指定累计时间
LapTime	指定当前单圈循环的时间
AutoReset	如果是 True，当仿真开始时 TotalTime 和 LapTime 将被设为 0
信　号	说　明
Active	设为 True 时启用 StopWatch，设为 False 时停用 StopWatch
Reset	当该信号为 High 时，将重置 Total time 和 Lap time
Lap	开始新的循环

案例：关于信号和属性类 smart 组件，在第 5 章中已对 LogicGate（进行数字信号的逻辑运算）、LogicSRLatch（用于置位/复位信号，并带锁定功能）、Timer（以指定间隔脉冲 Output 信号）这些信号和属性类子组件进行了使用，在第 6.6 节的案例中对 Expression（验证数学表达式）、VectorConverter（转换 Vector3 和 X/Y/Z 之间的值）进行了使用，本小节通过案例对 Timer 进行一个了解。

扫描下面二维码下载并打开名为"Timer 组件应用"的打包文件，如图 6-15 所示。进行仿真并对各个 smart 组件的连接逻辑进行学习。

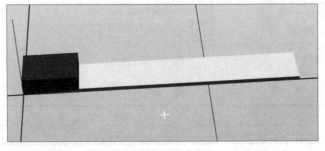

图 6-15

运行说明：仿真开始 0.1s 后开始产生复制，5s 后删除生成的复制，复制删除后再次生成新的复制。

6.2　参数模型类子组件

1. ParametricBox（创建一个盒型固体）

ParametricBox 生成一个指定长度、宽度和高度尺寸的方框，其属性及信号详细说明见

图 6-16 和表 6-15。

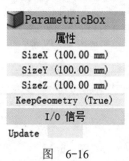

图 6-16

表 6-15

属 性	说 明
SizeX	沿 X 轴方向指定该盒形固体的长度
SizeY	沿 Y 轴方向指定该盒形固体的宽度
SizeZ	沿 Z 轴方向指定该盒形固体的高度
KeepGeometry	设置为 False 时将删除生成部件中的几何信息。这样可以使其他组件，如 Source 执行更快
信 号	说 明
Update	设置该信号为 1 时更新生成的部件

2. ParametricCircle（创建一个圆）

ParametricCircle 根据给定的半径生成一个圆，其属性及信号详细说明见图 6-17 和表 6-16。

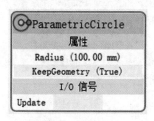

图 6-17

表 6-16

属 性	说 明
Radius	指定圆周的半径
KeepGeometry	设置为 False 时将删除生成部件中的几何信息。这样可以使其他组件如 Source 执行更快
信 号	说 明
Update	设置该信号为 1 时更新生成的部件

3．ParametricCircler（创建一个圆柱体）

ParametricCylinder 根据给定的 Radius 和 Height 生成一个圆柱体，其属性及信号详细说明见图 6-18 和表 6-17。

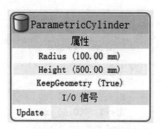

图 6-18

表 6-17

属　　性	说　　明
Radius	指定圆柱半径
Height	指定圆柱高
KeepGeometry	设置为 False 时将删除生成部件中的几何信息。这样可以使其他组件如 Source 执行更快
信　　号	说　　明
Update	设置该信号为 1 时更新生成的部件

4. ParametricLine（创建一个线段）

ParametricLine 根据给定端点和长度生成线段。如果端点或长度发生变化，生成的线段将随之更新。其属性及信号详细说明见图 6-19 和表 6-18。

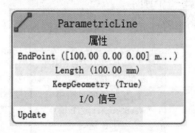

图 6-19

表 6-18

属　　性	说　　明
EndPoint	指定线段的端点
Length	指定线段的长度
KeepGeometry	设置为 False 时将删除生成部件中的几何信息。这样可以使其他组件如 Source 执行更快
信　　号	说　　明
Update	设置该信号为 1 时更新生成的部件

5. LinearExtrusion（面拉伸或线段沿着向量方向）

LinearExtrusion 沿着 Projection 指定的方向拉伸 SourceFace 或 SourceWire，其属性及信号详细说明见图 6-20 和表 6-19。

第 6 章　基本 smart 子组件一览

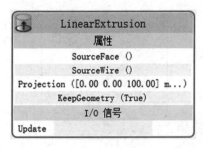

图　6-20

表　6-19

属　　性	说　　明
SourceFace	指定要拉伸的面
SourceWire	指定要拉伸的线
Projection	指定要拉伸的方向
KeepGeometry	设置为 False 时将删除生成部件中的几何信息。这样可以使其他组件如 Source 执行更快

信　　号	说　　明
Update	设置该信号为 1 时更新生成的部件

6. LinearRepeater（线性阵列）

LinearRepeater 根据 Offset 给定的间隔和方向创建一定数量的 Source 的复制，其属性及信号详细说明见图 6-21 和表 6-20。

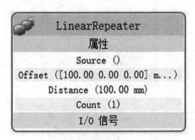

图　6-21

表　6-20

属　　性	说　　明
Source	指定要复制的对象
Offset	在两个复制之间进行空间的偏移
Distance	指定复制间的距离
Count	指定要创建的复制的数量

7. CircularRepeater（圆周阵列）

CircularRepeater 根据给定的 DeltaAngle 沿 SmartComponent 的中心创建一定数量的 Source 的复制，其属性及信号详细说明见图 6-22 和表 6-21。

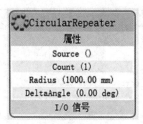

图 6-22

表 6-21

属　性	说　明
Source	指定要复制的对象
Count	指定要创建的复制的数量
Radius	指定圆周的半径
DeltaAngle	指定复制间的角度

8. MatrixRepeater（三维空间阵列）

MatrixRepeater 在三维环境中以指定的间隔创建指定数量的 Source 对象的复制，其属性及信号详细说明见图 6-23 和表 6-22。

图 6-23

表 6-22

属　性	说　明
Source	指定要复制的对象
CountX	指定在 X 轴方向上复制的数量
CountY	指定在 Y 轴方向上复制的数量
CountZ	指定在 Z 轴方向上复制的数量
OffsetX	指定在 X 轴方向上复制间的偏移
OffsetY	指定在 Y 轴方向上复制间的偏移
OffsetZ	指定在 Z 轴方向上复制间的偏移

案例：通过参数模型类 smart 组件可以对模型进行创建或复制。图 6-24 所示外围的 6 个球体，就是根据 CircularRepeater 组件设定的参数对中心球体进行的复制。更多相关类型组件的使用，可以通过自我练习来了解。

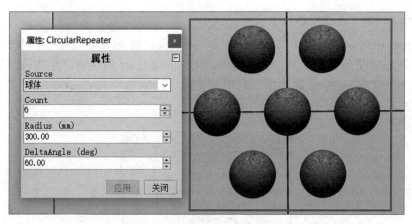

图 6-24

6.3 传感器类子组件

1. CollisionSensor（对象间的碰撞监控）

CollisionSensor 检测第一个对象和第二个对象间的碰撞和接近丢失。如果其中一个对象没有指定，将检测另外一个对象在整个工作站中的碰撞。当 Active 信号持续为 1 时，碰撞监控处于激活状态，设置 SensorOut 信号并在属性编辑器的第一个碰撞部件和第二个碰撞部件中报告发生碰撞或接近丢失的部件。其属性及信号详细说明见图 6-25 和表 6-23。

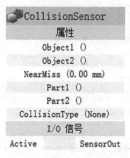

图 6-25

表 6-23

属 性	说 明
Object1	检测碰撞的第一个对象
Object2	检测碰撞的第二个对象
NearMiss	指定接近丢失的距离
Part1	第一个对象发生碰撞的部件
Part2	第二个对象发生碰撞的部件
CollisionType	1）None（无） 2）Near miss（接近碰撞） 3）Collision（碰撞）

信 号	说 明
Active	指定 CollisionSensor 是否激活
SensorOut	当发生碰撞或接近丢失时为 True

2. LineSensor(线性传感器)

LineSensor 根据 Start、End、Radius 定义一条线段。当 Active 信号持续为 1 时,传感器将检测与该线段相交的对象。相交的对象显示在 ClosestPart 属性中,距线传感器起点最近的相交点显示在 ClosestPoint 属性中。出现相交时,输出信号 SensorOut=1。其属性及信号详细说明见图 6-26 和表 6-24。

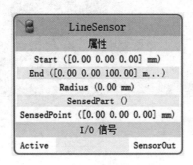

图 6-26

表 6-24

属 性	信 号
Start	指定起始点
End	指定结束点
Radius	指定感应半径
SensedPart	指定与 Line sensor 相交的部件。如果有多个部件相交,则列出据起始点最近的部件
SensedPoint	包含的点是线段与接近的部件相交
信 号	说 明
Active	指定 LineSensor 是否激活。1 为激活,0 为失效
SensorOut	当 Sensor 与某一对象相交时变为 True

3. PlaneSensor(面传感器)

PlaneSensor 通过 Origin、Axis1 和 Axis2 定义平面。当 Active 输入信号持续为 1 时,传感器会检测与平面相交的对象。相交的对象将显示在 SensedPart 属性中。出现相交时,将设置 SensorOut 输出信号。其属性及信号详细说明见图 6-27 和表 6-25。

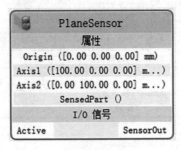

图 6-27

表 6-25

属性	说明
Origin	指定平面的原点
Axis1	指定平面的第一个轴
Axis2	指定平面的第二个轴
SensedPart	指定与 PlaneSensor 相交的部件。如果多个部件相交，则在布局浏览器中第一个显示的部件将被选中

信号	说明
Active	指定 PlaneSensor 是否被激活，1 为激活
SensorOut	当 Sensor 与某一对象相交时为 True

4. VolumeSensor（体积传感器）

VolumeSensor 检测完全或部分位于箱形体积内的对象。体积用角点、边长、边高和边宽以及方位角定义，其属性及信号详细说明见图 6-28 和表 6-26。

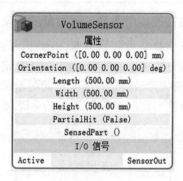

图 6-28

表 6-26

属性	说明
CornerPoint	指定箱体的本地原点
Orientation	指定对象相对于参考坐标和对象的方向（Euler ZYX）
Length	指定箱体的长度
Width	指定箱体的宽度
Height	指定箱体的高度
PartialHit	允许仅当对象的一部分位于体积传感器内时才侦测对象
SensedPart	最近进入或离开体积的对象

信号	说明
Active	设为"高（1）"，将激活传感器
SensorOut	当体积被充满时，将变为"高（1）"

5. PositionSensor（位置传感器）

PositionSensor 监视对象的位置和方向，对象的位置和方向仅在仿真期间被更新，其属性及信号详细说明见图 6-29 和表 6-27。

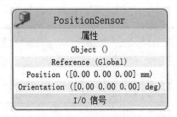

图 6-29

表 6-27

属　性	说　明
Object	指定要进行映射的对象
Reference	指定参考坐标系（Object 或 Global）
ReferenceObject	如果将 Reference 设置为 Object，指定参考对象
Position	指定对象相对于参考坐标和对象的位置
Orientation	指定对象相对于参考坐标和对象的方向（Euler ZYX）

6．ClosestObject（查找最接近参考点或其他对象的对象）

ClosestObject 定义参考对象或参考点。设置 Execute 信号时，组件会找到 ClosestObject、ClosestPart 和相对于参考对象或参考点的 Distance（如未定义参考对象）。如果定义了 RootObject，则会将搜索的范围限制为该对象和其同源的对象。完成搜索并更新了相关属性时，将设置 Executed 信号。其属性及信号详细说明见图 6-30 和表 6-28。

图 6-30

表 6-28

属　性	说　明
ReferenceObject	指定对象，查找该对象最近的对象
ReferencePoint	指定点，查找距该点最近的对象
RootObject	指定对象查找其子对象。该属性为空表示整个工作站
ClosestObject	指定距参考对象或参考点最近的对象
ClosestPart	指定距参考对象或参考点最近的部件
Distance	指定参考对象和最近的对象之间的距离
信　号	说　明
Execute	设该信号为 True 开始查找最近的部件
Executed	当完成时发出脉冲

7．JointSensor（仿真期间监控机械接点值）

JointSensor 属性及信号详细说明见图 6-31 和表 6-29。

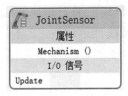

图 6-31

表 6-29

属　性	说　明
Mechanism	指定要监控的机械
信　号	说　明
Update	设置为 high（1）以更新接点

8. GetParent（获取对象的父对象）

GetParent 属性及信号详细说明见图 6-32 和表 6-30。

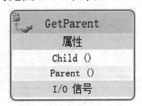

图 6-32

表 6-30

属　性	说　明
Child	子对象
Parent	父对象

案例：关于信号和属性类 smart 组件，在第 5 章中已对 LineSensor、PlaneSensor 进行了使用，本小节把 VolumeSensor 作为案例供读者进行学习。诸如 CollisionSensor、PositionSensor 这些使用较多的子组件，读者也需了解。

扫描下面二维码下载并打开名为"VolumeSensor 组件使用"的打包文件，如图 6-33 所示。进行仿真并对各个 smart 组件的连接逻辑进行学习。

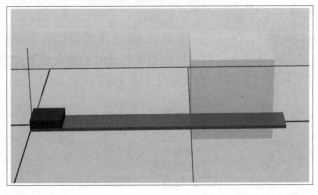

图 6-33

运行说明：仿真开始即生成"滑块"的复制，并线性运动，在完全进入 VolumeSensor 立体传感器后，把复制踢出队列以致线性运动停止。

6.4 动作类子组件

1. Attacher（安装一个对象）

设置 Execute 信号时，Attacher 将 Child 安装到 Parent 上。如果 Parent 为机械装置，还必须指定要安装的 Flange。设置 Execute 输入信号时，子对象将安装到父对象上。如果选中 Mount，还会使用指定的偏移值 Offset 和旋转角度值 Orientation，将子对象装配到父对象上。完成时，将设置输出信号 Executed=1。其属性及信号详细说明见图 6-34 和表 6-31。

图 6-34

表 6-31

属　性	说　明
Parent	指定子对象要安装在哪个对象上
Flange	指定要安装在机械装置的哪个法兰上（编号）
Child	指定要安装的对象
Mount	如果为 True，子对象装配在父对象上
Offset	当使用 Mount 时，指定相对于父对象的位置
Orientation	当使用 Mount 时，指定相对于父对象的方向
信　号	说　明
Execute	设为 True 进行安装
Executed	当完成时发出脉冲

2. Detacher（拆除一个已安装的对象）

当设置信号 Execute=1 时，Detacher 会将 Child 从其所安装的父对象上拆除。如果选中了 Keep Position，位置将保持不变，否则根据两者初始时的相对位置放置子对象。完成时，将设置 Executed 信号。其属性及信号详细说明见图 6-35 和表 6-32。

图 6-35

表 6-32

属　性	说　明
Child	指定要拆除的对象
KeepPosition	如果为 False，被安装的对象将返回其原始的位置
信　号	说　明
Execute	设该信号为 True，移除安装的物体
Executed	当完成时发出脉冲

3．Source（创建一个图形组件的复制）

源组件的 Source 属性表示在收到 Execute 输入信号时应复制的对象。所复制对象的父对象由 Parent 属性定义，而 Copy 属性则指定对所复制对象的参考。输出信号 Executed 表示复制已完成。其属性及信号详细说明见图 6-36 和表 6-33。

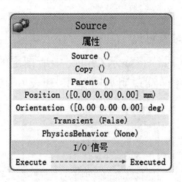

图　6-36

表　6-33

属　性	说　明
Source	指定要复制的对象
Copy	包含复制的对象
Parent	指定要复制的父对象。如果有同样的父对象为源则无效。如果未指定，则将复制与源对象相同的父对象
Position	指定复制相对于其父对象的位置
Orientation	指定复制相对于其父对象的方向
Transient	如果在仿真时创建了复制，将其标识为瞬时的。这样的复制不会被添加至撤销队列中且在仿真停止时自动被删除。这样可以避免仿真过程中过分消耗内存
信　号	说　明
Execute	设该信号为 True 创建对象的复制
Executed	当完成时发出脉冲

4．Sink（删除图形组件）

Sink 的作用是删除属性 Object 所指定的对象。当 Execute 输入信号由 0 变成 1 时，删除所指定的对象。删除动作完成后，输出信号 Executed=1。其属性及信号详细说明见图 6-37 和表 6-34。

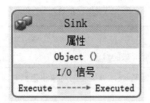

图 6-37

表 6-34

属性	说明
Object	指定要移除的对象
信号	说明
Execute	设该信号为 True，移除对象
Executed	当完成时发出脉冲

5．Show（在画面中使该对象可见）

当 Execute 信号由 0 变成 1 时，将显示 Object 中所指定的对象。子组件的动作完成后，信号 Executed=1。其属性及信号详细说明见图 6-38 和表 6-35。

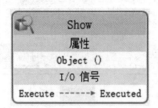

图 6-38

表 6-35

属性	说明
Object	指定要显示的对象
信号	说明
Execute	设该信号为 True 以显示对象
Executed	当完成时发出脉冲

6．Hide（在画面中将对象隐藏）

设置 Execute 信号时，将隐藏 Object 中参考的对象。完成时，将设置 Executed 信号。其属性及信号详细说明见图 6-39 和表 6-36。

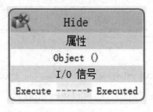

图 6-39

表 6-36

属　性	说　明
Object	指定要隐藏的对象
信　号	说　明
Execute	设置该信号为 True，隐藏对象
Executed	当完成时发出脉冲

7. SetParent（设置图形组件的父对象）

SetParent 属性及信号详细说明见图 6-40 和表 6-37。

图　6-40

表　6-37

属　性	说　明
Child	子对象
Parent	新建父对象
KeepTransform	保持子对象的位置和方向
信　号	说　明
Execute	对高（1）进行设置，以将子对象移至新父对象

案例： 关于动作类 smart 组件，大部分在第 5 章中进行了使用，如 Attacher（安装对象）、Detacher（拆除安装的对象）、Source（创建复制）、Sink（删除组件）、Hide（隐藏对象），不清楚的读者可以进行复习，本小节把 Show（显示组件）作为案例供读者进行学习。

扫描下面的二维码下载并打开名为"HideShow 组件"的打包文件，如图 6-41 所示。进行仿真并对各个 smart 组件的连接逻辑进行学习。

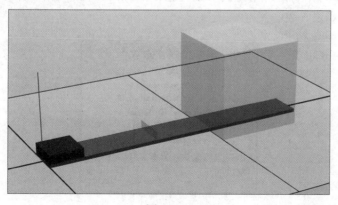

图　6-41

运行说明：仿真开始即生成"滑块"的复制并线性运动，碰到面传感器后对复制进行隐藏，完全进入立体传感器后，显示隐藏的复制。

6.5 本体类子组件

1. LinearMover（移动一个对象到一条线上）

LinearMover 会按 Speed 属性指定的速度，沿 Direction 属性中指定的方向，移动 Object 属性中参考的对象。设置 Execute 信号时开始移动，重设 Execute 时停止。其属性及信号详细说明见图 6-42 和表 6-38。

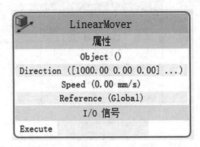

图 6-42

表 6-38

属 性	说 明
Object	指定要移动的对象
Direction	指定对象移动的方向
Speed	指定移动速度
Reference	指定参考坐标系。可以是 Global、Local 或 Object
ReferenceObject	如果将 Reference 设置为 Object.，指定参考对象
信 号	说 明
Execute	将该信号设为 True，开始旋转对象；设为 False 时，停止

2. LinearMover2（移动一个对象到指定位置）

LinearMover2 的作用是将指定的对象往指定的方向移动指定的距离，其属性及信号详细说明见图 6-43 和表 6-39。

图 6-43

第6章 基本 smart 子组件一览

表 6-39

属 性	说 明
Object	指定要移动的对象
Direction	指定对象移动的方向
Distance	移动对象的距离
Duration	移动的时间
Reference	指定参考坐标系。可以是 Global、Local 或 Object
ReferenceObject	如果将 Reference 设置为 Object，指定参考对象
信 号	说 明
Execute	将该信号设为 True 开始移动
Executed	当移动完成后变成 Ture
Executing	当移动的时候变成 Ture

3. Rotator（按照指定的速度，对象绕着轴旋转）

Rotator 的作用是使 Object 属性中指定的对象，按 Speed 属性指定的旋转速度旋转。旋转轴通过 CenterPoint 和 Axis 进行定义。当输入信号 Execute=1 时，开始运动；当 Execute=0 时，停止运动。其属性及信号详细说明见图 6-44 和表 6-40。

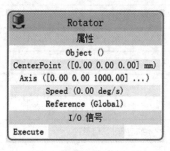

图 6-44

表 6-40

属 性	说 明
Object	指定要旋转的对象
CenterPoint	指定旋转围绕的点
Axis	轴围绕旋转的对象
Speed	指定旋转速度
Reference	指定参考坐标系。可以是 Global、Local 或 Object
ReferenceObject	如果将 Reference 设置为 Object，指定相对于 CenterPoint 和 Axis 的对象
信 号	说 明
Execute	将该信号设为 True，开始旋转对象；设为 False，停止

4. Rotator2（对象绕着一个轴旋转指定的角度）

Rotator2 属性及信号详细说明见图 6-45 和表 6-41。

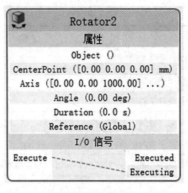

图 6-45

表 6-41

属　性	说　明
Object	指定旋转对象
CenterPoint	点绕着对象旋转
Axis	轴围绕旋转的对象
Angle	旋转的角度
Duration	移动的时间
Reference	已指定坐标系统的值
ReferenceObject	参考对象
信　号	说　明
Execute	将该信号设为 True，开始移动
Executed	当完成时发出脉冲
Executing	当移动的时候变成 Ture

5. PoseMover（运动机械装置关节到一个已定义的姿态）

PoseMover 包含 Mechanism、Pose 和 Duration 等属性。当 Execute 输入信号由 0 变成 1 时，机械装置的关节值移向给定姿态。达到给定姿态时，设置输出信号 Executed=1。其属性及信号详细说明见图 6-46 和表 6-42。

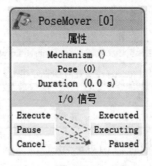

图 6-46

表 6-42

属 性	说 明
Mechanism	指定要进行移动的机械装置
Pose	指定要移动到的姿势的编号
Duration	指定机械装置移动到指定姿态的时间

信 号	说 明
Execute	设为 True，开始或重新开始移动机械装置
Pause	暂停动作
Cancel	取消动作
Executed	当机械装置达到位姿时为 High
Executing	在运动过程中为 High
Paused	当暂停时为 High

6. JointMover（运动机器装置的关节）

JointMover 包含机械装置、一组关节值和执行时间等属性。当设置 Execute 信号时，机械装置的关节向给定的位姿移动。当达到位姿时，将设置 Executed 输出信号。使用 GetCurrent 信号可以重新找回机械装置当前的关节值。其属性及信号详细说明见图 6-47 和表 6-43。

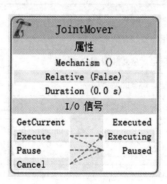

图 6-47

表 6-43

属 性	说 明
Mechanism	指定要进行移动的机械装置
Relative	指定 J1-Jx 是否为起始位置的相对值，而非绝对关节值
Duration	指定机械装置移动到指定姿态的时间
J1-Jx	关节值

信 号	说 明
GetCurrent	重新找回当前关节值
Execute	设为 True，开始或重新开始移动机械装置
Pause	暂停动作
Cancel	取消运动
Executed	当机械装置达到位姿时为 Pulses high
Executing	在运动过程中为 High
Paused	当暂停时为 High

7．Positioner（设定对象的位置与方向）

Positioner 具有对象、位置和方向属性。设置 Execute 信号时，开始将对象向相对于 Reference 的给定位置移动。完成时设置 Executed 输出信号。其属性及信号详细说明见图 6-48 和表 6-44。

图 6-48

表 6-44

属 性	说 明
Object	指定要放置的对象
Position	指定对象要放置到的新位置
Orientation	指定对象的新方向
Reference	指定参考坐标系。可以是 Global、Local 或 Object
ReferenceObject	如果将 Reference 设置为 Object，指定相对于 Position 和 Orientation 的对象
信 号	说 明
Execute	将该信号设为 True，开始旋转对象；设为 False，停止
Executed	当操作完成时设为 1

8．MoveAlongCurve【沿几何曲线移动对象（使用常量偏移）】

MoveAlongCurve 属性及信号详细说明见图 6-49 和表 6-45。

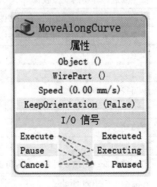

图 6-49

表 6-45

属 性	说 明
Object	移动对象
WirePart	包含移动所沿线的部分
Speed	速度
KeepOrientation	设置为 True，可保持对象的方向
信 号	说 明
Execute	设定为 high（1），开始或返回到移动
Pause	设定为 high（1），暂停移动
Cancel	设定为 high（1）取消移动
Executed	当移动完成后，变成 high（1）
Executing	当移动的时候，变成 high（1）
Paused	当移动被暂停，变为 high（1）

案例：关于本体类 smart 组件，在第 5 章中已对 LinearMover（线性运动）、PoseMover 进行了使用，其实 LinearMover 和 LinearMover2、Rotator 和 Rotator2 的使用方法类似，只不过一个是不停地运动，另一个是运动至指定的位置。在 6.6 节的案例中将对 Positioner（设定对象的位置和方向）进行使用，本节把 Rotator（对象绕着轴旋转）作为案例供读者学习。

扫描下面的二维码下载并打开名为"Rotator 组件使用"的打包文件，如图 6-50 所示。进行仿真并对各个 smart 组件的连接逻辑进行学习。

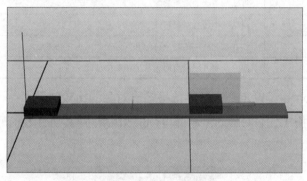

图 6-50

运行说明：仿真开始后，名为"转具"的组件即开始绕着指定的轴旋转，在"滑块"生成的复制停止运行后，"转具"才显示出来。

6.6 其他类型子组件

1. Queue（表示为对象的队列，可作为组进行操纵）

Queue 表示 FIFO（First In，First Out）队列。当信号 Enqueue 被设置时，在 Back 中的对象将被添加到队列。队列前端对象将显示在 Front 中。当设置 Dequeue 信号时，Front 对象将从队列中移除。如果队列中有多个对象，下一个对象将显示在前端。当设置 Clear 信号时，队列中所有对象将被删除。如果 Transformer 组件以 Queue 组件作为对象，该组件将转换 Queue 组件中的内容而非 Queue 组件本身。其属性及信号详细说明见图 6-51 和表 6-46。

图 6-51

表 6-46

属　性	说　明
Back	指定进入队列的对象
Front	指定队列的第一个对象
NumberOfObjects	队列中对象的数量
信　号	说　明
Enqueue	将在 Back 中的对象添加到队列末尾
Dequeue	将队列前端的对象移除
Clear	将队列中所有对象移除
Delete	将在队列前端的对象移除并将该对象从工作站移除
DeleteAll	清空队列并将所有对象从工作站中移除

2．ObjectComparer（设定一个数字信号输出对象的比较结果）

ObjectComparer 用于比较 ObjectA 是否与 ObjectB 相同，其属性及信号详细说明见图 6-52 和表 6-47。

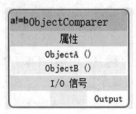

图 6-52

表 6-47

属　性	说　明
ObjectA	指定第一个要进行对比的组件
ObjectB	指定第二个要进行对比的组件
信　号	说　明
Output	如果两对象相等则为 High

3. GraphicSwitch(双击图形在两个部件之间转化)

GraphicSwitch 用于通过单击图形中的可见部件或设置重置输入信号在两个部件之间转换,其属性及信号详细说明见图 6-53 和表 6-48。

图 6-53

表 6-48

属 性	说 明
PartHigh	在信号为 High 时显示
PartLow	在信号为 Low 时显示

信 号	说 明
Input	输入信号
Output	输出信号

4. Highlighter(临时改变对象颜色)

Highlighter 用于临时将所选对象显示为定义了 RGB 值的高亮色彩。高亮色彩混合了对象的原始色彩,通过 Opacity 进行定义。当信号 Active 被重设,对象恢复原始颜色。其属性及信号详细说明见图 6-54 和表 6-49。

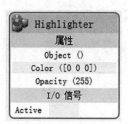

图 6-54

表 6-49

属 性	说 明
Object	指定要高亮显示的对象
Color	指定高亮颜色的 RGB 值
Opacity	指定对象原始颜色和高亮颜色混合的程度

信 号	说 明
Active	当为 True 时将高亮显示。当为 False 时恢复为原始颜色

5. MoveToViewPoint（切换到已定义的视角上）

当设置输入信号 Execute 时，在指定时间内移动到选中的视角。当操作完成时，设置输出信号 Executed。其属性及信号详细说明见图 6-55 和表 6-50。

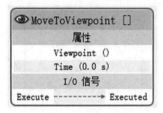

图 6-55

表 6-50

属　性	说　明
Viewpoint	指定要移动到的视角
Time	指定完成操作的时间

信　号	说　明
Execute	设该信号为 High（1）时开始操作
Executed	当操作完成时该信号转为 High（1）

6. Logger（在输出窗口显示信息）

Logger 属性及信号详细说明见图 6-56 和表 6-51。

图 6-56

表 6-51

属　性	说　明
Format	格式字符。支持变量如 {id:type}，类型可以为 d（double）、i（int）、s（string）、o（object）
Message	信息
Severity	信息级别：0（Information），1（Warning），2（Error）

信　号	说　明
Execute	设该信号为 High（1）时显示信息

7. SoundPlayer（播放声音）

当输入信号被设置时，播放 SoundAsset 指定的声音文件，必须为 .wav 文件，其属性及信号详细说明见图 6-57 和表 6-52。

图 6-57

表 6-52

属 性	说 明
SoundAsset	指定要播放的声音文件，必须为 .wav 文件
Loop	是否循环
信 号	说 明
Execute	设该信号为 High 时播放声音
Stop	为 High 时停止播放

8. Random（生成一个随机数）

当 Execute 被触发时，生成最大最小值间的任意值。Random 属性及信号详细说明见图 6-58 和表 6-53。

图 6-58

表 6-53

属 性	说 明
Min	指定最小值
Max	指定最大值
Value	在最大值和最小值之间任意指定一个值
信 号	说 明
Execute	设该信号为 High 时生成新的任意值
Executed	当操作完成时设为 High

9. StopSimulation（停止仿真）

当设置了输入信号 Execute 时停止仿真。StopSimulation 属性及信号详细说明见图 6-59 和表 6-54。

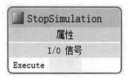

图 6-59

表 6-54

信 号	说 明
Execute	设该信号为 High 时停止仿真

10. TraceTCP（开启/关闭机器人的 TCP 跟踪）

TraceTCP 属性及信号详细说明见图 6-60 和表 6-55。

图 6-60

表 6-55

属 性	说 明
Robot	跟踪的机器人
信 号	说 明
Enabled	设定为 high（1）时打开 TCP 跟踪
Clear	设定为 high（1）时清空 TCP 跟踪

11. SimulationEvents（在仿真开始和停止时发出脉冲信号）

SimulationEvents 属性及信号详细说明见图 6-61 和表 6-56。

图 6-61

表 6-56

信 号	说 明
SimulationStarted	仿真开始时发出的脉冲信号
SimulationStopped	仿真停止时发出的脉冲信号

12. LightControl（控制光源）

LightControl 属性及信号详细说明见图 6-62 和表 6-57。

图 6-62

表 6-57

属 性	说 明
Light	光源
Color	设置光线颜色
CastShadows	允许光线投射阴影
AmbientIntensity	设置光线的环境光强
DiffuseIntensity	设置光线的漫射光强
HighlightIntensity	设置光线的反射光强
SpotAngle	设置聚光灯光锥的角度
Range	设置光线的最大范围
信 号	说 明
Enabled	启用或禁用光源

13. PhysicsControl（控制对象的物理特性）

PhysicsControl 属性及信号详细说明见图 6-63 和表 6-58。

图 6-63

表 6-58

属 性	说 明
Object	受控制的对象
Behavior	物理模拟中对象的行为
信 号	说 明
Enabled	设为 1 时启动物理行为

案例： 关于其他类 smart 组件中，Queue 的使用最为频繁，其在第 5 章已进行了使用。本节把 Random（生成一个随机数）作为案例供读者学习，案例中还用到了前面小节提到的 Positioner（设定对象的位置和方向）、Expression（验证数学表达式）、VectorConverter（转换 Vector3 和 X/Y/Z 之间的值）三个组件。

扫描下面的二维码下载并打开名为"RandomOrientation 生成一个随机数"的打包文件，如图 6-64 所示。进行仿真并对各个 smart 组件的连接逻辑进行学习。

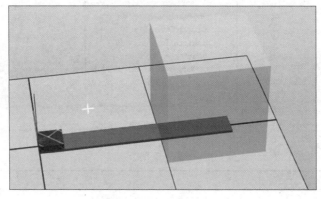

图　6-64

运行说明：通过对相关 smart 组件的使用，使每次生成的复制位置及方向都不同。仿真开始即生成复制，直线运行至立体传感器内后删除复制，并激活生成新的复制。

课后练习

（1）请描述下面 smart 组件的功能：
1）Source：_____
2）LinearMover：_____
3）Timer：_____
4）SimulationEvents：_____
5）Sink：_____
6）Attacher：_____
（2）LinearMover 和 LinearMover2 的区别是：_____
_____
（3）创建一个面传感器 PlaneSensor，需要定义的参数有：_____
（4）立体传感器 VolumeSensor 的信号输出有两种选择，一种是物体局部进入立体传感器空间就发出感应信号，另一种是_____
（5）smart 组件 Positioner 可以设定对象的位置和_____。

第 7 章

CNC 仿真工作站综合练习

◐ **知识要点**

1. smart 子组件的灵活组合应用
2. 仿真工作站逻辑设计
3. RobotStudio 软件帮助文档

◐ **技能目标**

1. 培养利用 RobotStudio 帮助文档解决疑难问题的能力
2. 培养复杂仿真工作站的逻辑设计能力
3. 掌握常用 smart 子组件的应用
4. 掌握通过 RobotApps 社区获取资源的方法
5. 培养复杂仿真工作站的调试能力

在生产企业,像 CNC 机床上下料这样乏味、重复性高的工作已经越来越多地被工业机器人所取代。工业机器人 CNC 取放料应用场景如图 7-1 所示。与人工相比,工业机器人严格按照编制好的程序执行,不会犯错误、不知疲倦、效率更高、能适应恶劣的工作环境。本章将介绍如何创建一个完整的 CNC 上下料仿真工作站,文中将其简称为 CNC 仿真工作站。

图 7-1

7.1 CNC 仿真工作站描述

7.1.1 CNC 仿真工作站的工作流程

首先通过扫描上面的二维码播放 "CNC 仿真工作站 .mp4" 文件来观看 CNC 工作站的

仿真效果。通过视频可以知道，CNC仿真工作站的工作流程起始于双层料台供料，终止于传输带将工件输出。CNC仿真工作站工作流程如图7-2所示。

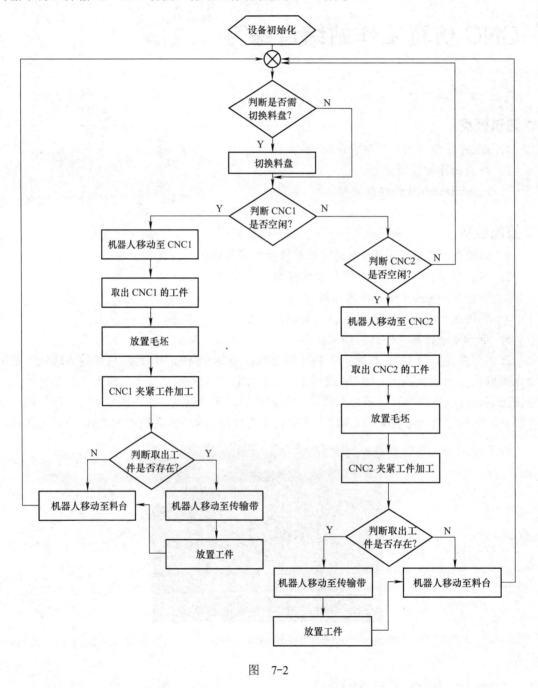

图 7-2

7.1.2 CNC仿真工作站的逻辑设计

整个CNC仿真工作站的仿真效果由5个smart组件及机器人系统构成，它们相互之间的逻辑交互如图7-3所示。

第 7 章 CNC 仿真工作站综合练习

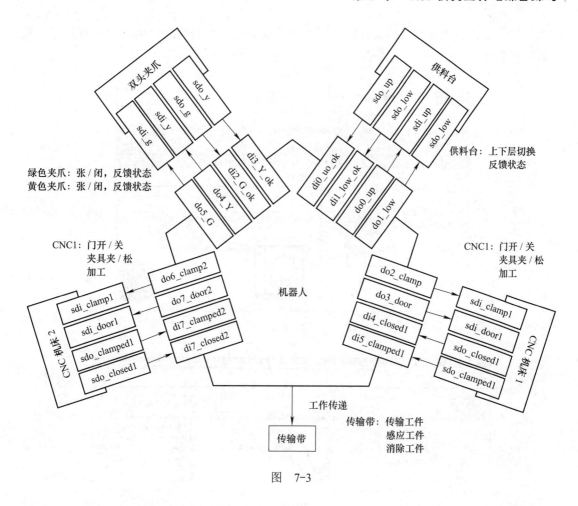

图 7-3

7.2 CNC 仿真工作站布局

7.2.1 通过 RobotApps 社区获取几何模型

在根据设计方案制作工业机器人应用场景仿真时,所需要的三维几何模型主要来自 RobotStudio 软件自身的模型库和参与项目的机械设计工程师。RobotStudio 自带的模型库主要提供机器人本体、控制器、示教器、变位机、行走轴等装置的几何模型,机械设计工程师则能够提供非标设备、装夹治具、控制电箱等装置的几何模型。

本小节介绍另外一种获取构建仿真工作站所需几何模型的方法。在计算机联入互联网的前提下,可以通过 RobotStudio 软件的 RobotApps 社区获取几何模型。CNC 仿真工作站中的作业员、椅子、围栏等几何模型都是通过 RobotApps 社区获取的。

如图 7-4 所示,单击【Add-Ins】选项卡,然后单击【RobotApps】命令,即可进入 RobotApps 社区。

在 RobotApps 社区【缩略图】窗口,拖动滚动条,可以看到在社区中有模型、视频、插件、工作站、smart 组件等多类型的素材可供下载。单击图 7-5 所示的【所有标签】按钮,在弹出的下拉列表中选择【Model】，即可进行 Model 类型的筛选，缩略图中将只显示几何模型类素材。

图 7-4

图 7-5

拖动滚动条可以浏览各个模型，也可以在搜索框中输入关键词进行搜索。如图 7-6 所示，搜索关键词"chair"，即可搜索到椅子模型，单击【Download file】即可下载该模型。

完成本章 CNC 仿真工作站所需的几何模型通过扫描下面二维码下载"布局练习.rspag"获取，无须读者另行收集，本小节旨在介绍另一种获取仿真工作站素材的途径。

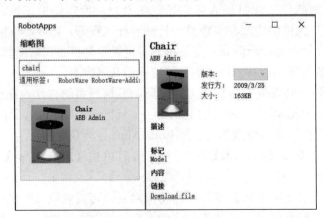

图 7-6

7.2.2 工作站的布局原则

机器人应用场景仿真工作站有时需要在项目实施前制作,有时则是在项目实施后才制作。无论是哪一种情况,在进行仿真工作站设备布局时都要遵循一些原则。需要遵循的原则有以下 5 项:

1)仿真布局与现场实际布局应尽可能一致。制作工业机器人应用场景仿真工作站的目的之一是为了便于离线编程。仿真工作站的布局与设备现场的实际布局的一致性越高,离线编程输出的程序所需的调试时间越短。

2)在一个工业机器人应用项目中优先定位大型设备。很多时候是先通过仿真软件来进行设备的布局设计,然后项目现场根据仿真工作站的布局进行设备的定位摆放。这种情况下需要优先定位项目中的大型设备,机器人及其他设备以大型设备为参考进行布局。因为大型设备搬运需要使用大型搬运机械,出于安全性和经济性考虑,都不允许轻易对其进行二次搬运定位。

3)作为机器人工作点位参照的设备,模型需精确定位,不可凭目视拖拽模型定位。机器人应用场景仿真工作站中的一些装饰性元素,比如作业人员、椅子等,可以对其直接通过拖曳的方式进行摆放定位。而一些设备或装置是作为机器人工作点位的参考,比如供料台料盘、CNC 夹具等,这些设备的几何模型则需要精确定位,否则会导致离线编程输出的机器人程序难以调试,无端浪费宝贵的项目推进时间。

4)需要对机器人的所有工作点位进行可达性检测。在仿真软件进行设备布局时,一定要考虑机器人工作点位的可达性,且位于设备密集的紧凑空间的机器人工作点位的可达性检查不能只考虑这些点是否位于机器人的工作空间范围内,还应检查机器人能否以预期的姿态到达这些工作点位。

5)需要创建机器人与其移动路径附近的设备进行碰撞监控检测。为了确保设备安全,在设备布局的最后环节,一定要创建机器人与其他设备的碰撞监控检查,这样设备布局不合理之处和机器人移动轨迹不合理之处能够在项目实施前被发现并改进。

二维码资源"布局练习.rspag"提供了 CNC 仿真工作站所使用的全部几何模型,请读者打开此文件,将各模型摆放成"CNC 仿真工作站.mp4"中所示的布局。

7.3 各 smart 组件的创建

7.3.1 供料台 smart 组件

1. 供料台 smart 组件逻辑设计

供料台 smart 组件与机器人的逻辑交互参见图 7-3。

2. 供料台 smart 子组件组成

1)扫描上面二维码下载并打开资源中的"CNC 仿真工作站(未完成).rspag"。

2)新建一个名为"S_供料台"的 smart 组件。

3)添加图 7-7 所示的子组件。

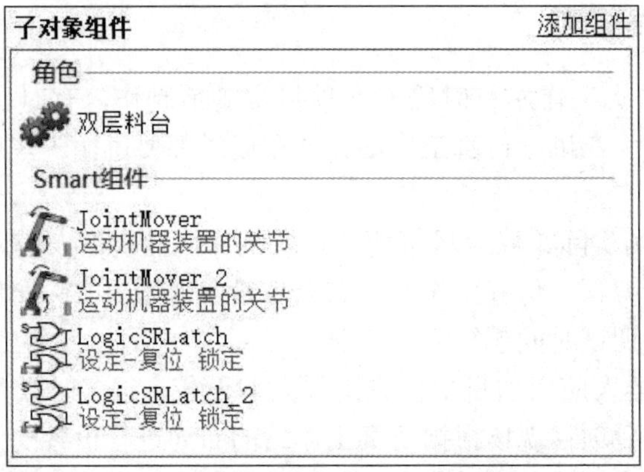

图 7-7

3. 供料台 smart 子组件的属性与信号连接

1）为 S_ 供料台创建图 7-8 所示的 I/O 信号。

S_供料台

组成 属性与连结 信号和连接 设计

I/O 信号

名称	信号类型	值
sdo_up	DigitalOutput	0
sdo_low	DigitalOutput	0
sdi_up	DigitalInput	0
sdi_low	DigitalInput	0

图 7-8

2）为 S_ 供料台创建图 7-9 所示的 I/O 连接。

I/O连接

源对象	源信号	目标对象	目标对象
JointMover	Executed	LogicSRLatch	Set
LogicSRLatch	Output	S_供料台	sdo_up
JointMover_2	Executed	LogicSRLatch_2	Set
JointMover_2	Executed	LogicSRLatch	Reset
JointMover	Executed	LogicSRLatch_2	Reset
S_供料台	sdi_up	JointMover	Execute
S_供料台	sdi_low	JointMover_2	Execute
LogicSRLatch_2	Output	S_供料台	sdo_low

图 7-9

3）为 JointMover 子组件设置图 7-10 所示的属性。

4）为 JointMover_2 子组件设置图 7-11 所示的属性。

图 7-10

图 7-11

至此，供料台 smart 组件创建完成。

7.3.2 双头夹爪 smart 组件

1. 双头夹爪 smart 组件逻辑设计

双头夹爪 samrt 组件与机器人的逻辑交互参见图 7-3。

2. 双头夹爪 smart 子组件组成

1）新建一个名为"S_GY 夹爪"的 smart 组件。

2）添加图 7-12 所示的子组件。

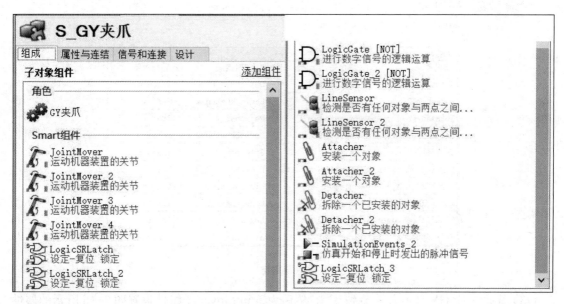

图 7-12

3. S_GY 夹爪 smart 子组件的属性与信号连接

1）为 S_GY 夹爪创建图 7-13 所示的 I/O 信号。

S_GY夹爪		
组成　属性与连结　**信号和连接**　设计		
I/O 信号		
名称	信号类型	值
sdi_g	DigitalInput	0
sdi_y	DigitalInput	0
sdo_g	DigitalOutput	0
sdo_y	DigitalOutput	0

图 7-13

2）为 S_GY 夹爪创建图 7-14 和图 7-15 所示的 I/O 连接。

I/O连接			
源对象	源信号	目标对象	目标对象
S_GY夹爪	sdi_g	JointMover	Execute
S_GY夹爪	sdi_g	LogicGate [NOT]	InputA
LogicGate [NOT]	Output	JointMover_2	Execute
S_GY夹爪	sdi_y	JointMover_3	Execute
S_GY夹爪	sdi_y	LogicGate_2 [NOT]	InputA
LogicGate_2 [NOT]	Output	JointMover_4	Execute
LogicSRLatch	Output	S_GY夹爪	sdo_g
LogicSRLatch_2	Output	S_GY夹爪	sdo_y
Attacher	Executed	LogicSRLatch	Set
Detacher	Executed	LogicSRLatch	Reset

图 7-14

I/O连接			
源对象	源信号	目标对象	目标对象
JointMover_2	Executed	Detacher	Execute
Attacher_2	Executed	LogicSRLatch_2	Set
JointMover_4	Executed	Detacher_2	Execute
Detacher_2	Executed	LogicSRLatch_2	Reset
S_GY夹爪	sdi_y	Attacher_2	Execute
SimulationEvents_2	SimulationStarted	LogicSRLatch_3	Set
LogicSRLatch_3	Output	LineSensor	Active
LogicSRLatch_3	Output	LineSensor_2	Active
SimulationEvents_2	SimulationStopped	LogicSRLatch_3	Reset
JointMover	Executed	Attacher	Execute

图 7-15

3）手动操纵 GY 夹爪各关节到 0°，然后为 JointMover 子组件设置图 7-16 所示的属性参数。需要注意的是，勾选【Relative】后，先依次单击【GetCurrent】—【应用】，再设置 J1～J× 相对值，然后再次单击【应用】，不然输入图中数值会报错。设置完成后，单击【Execute】，执行一次。

4）为 JointMover_2 子组件设置图 7-17 所示的属性参数。设置完成后，单击【Execute】，执行一次。

图 7-16

图 7-17

5）为 JointMover_3 子组件设置图 7-18 所示的属性参数。设置完成后，单击【Execute】，执行一次。

6）为 JointMover_4 子组件设置图 7-19 所示的属性参数。设置完成后，单击【Execute】，执行一次。

图 7-18

图 7-19

7）为 Attacher 子组件设置图 7-20 所示的属性参数。

8）为 Attacher_2 子组件设置图 7-21 所示的属性参数。

图 7-20

图 7-21

9）将 GY 夹爪安装到机器人 IRB2600_12_185 的六轴法兰上，并将 GY 夹爪设为不可由传感器检测。

10）将 LineSensor 半径设置为 2mm，并将其安装在 GY 夹爪的 Tool_Green 工具框架上，LineSensor 与 GY 夹爪的相对位置关系如图 7-22 所示。

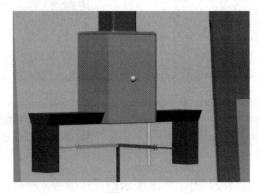

图 7-22

当机器人的关节角度为 [-180，0，0，0，30，180]，导轨位于原点时，可按照图 7-23 所示设置 LineSensor 的属性参数和位置。

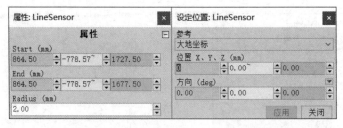

图 7-23

11）将 LineSensor_2 半径设置为 2mm，并将其安装在 GY 夹爪的 Tool_Yellow 工具框架上，LineSensor 与 GY 夹爪的相对位置关系如图 7-24 所示。

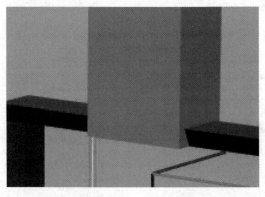

图 7-24

12）当机器人的关节角度为 [-180，0，0，0，30，0]，导轨位于原点时，可按照图 7-25 所示设置 LineSensor_2 的属性参数和位置。

第 7 章 CNC 仿真工作站综合练习

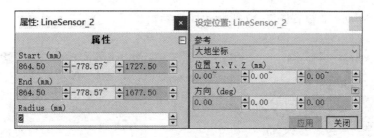

图 7-25

13) 为 S_GY 夹爪创建图 7-26 所示的属性连结。

属性连结			
源对象	源属性	目标对象	目标属性
LineSensor	SensedPart	Attacher	Child
Attacher	Child	Detacher	Child
LineSensor_2	SensedPart	Attacher_2	Child
Attacher_2	Child	Detacher_2	Child

图 7-26

至此，双头夹爪 smart 组件创建完成。

7.3.3 CNC smart 组件

1. CNCsmart 组件逻辑设计

CNC 机床 1、CNC 机床 2 与机器人的逻辑交互参见图 7-3。

2. CNCsmart 子组件组成

1) 新建一个名为"S_CNC1"的 smart 组件。
2) 添加图 7-27 所示的子组件。

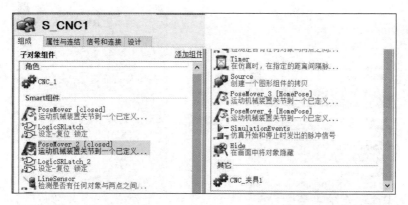

图 7-27

3. S_CNC1 夹爪 smart 子组件的属性与信号连接

1) 为 PoseMover 设置图 7-28 所示的属性参数。

2）为 PoseMover_2 设置图 7-29 所示的属性参数。

图 7-28

图 7-29

3）为 PoseMover_3 设置图 7-30 所示的属性参数。
4）为 PoseMover_4 设置图 7-31 所示的属性参数。

图 7-30

图 7-31

5）为 Timer 设置图 7-32 所示的属性参数。
6）为 Source 设置图 7-33 所示的属性参数。

图 7-32

图 7-33

7）为 LineSensor 设置图 7-34 所示的参数，并将 CNC_夹具1 设定为不可由传感器检测。LineSensor 与 CNC_夹具1 的相对位置关系如图 7-35 所示。

图 7-34

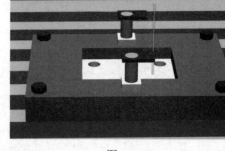

图 7-35

8）为 S_CNC1 创建图 7-36 所示的 I/O 信号。

名称	信号类型	值
sdi_door1	DigitalInput	0
sdi_clamp1	DigitalInput	0
sdo_closed1	DigitalOutput	1
sdo_clamped1	DigitalOutput	1

图 7-36

9）为 S_CNC1 创建图 7-37 和图 7-38 所示的 I/O 连接。

源对象	源信号	目标对象	目标对象
S_CNC1	sdi_door1	PoseMover [closed]	Execute
PoseMover [closed]	Executed	LogicSRLatch	Set
LogicSRLatch	Output	S_CNC1	sdo_closed1
S_CNC1	sdi_clamp1	PoseMover_2 [closed]	Execute
PoseMover_2 [closed]	Executed	LogicSRLatch_2	Set
LogicSRLatch_2	Output	S_CNC1	sdo_clamped1
Source	Executed	PoseMover_4 [HomePose]	Execute

图 7-37

源对象	源信号	目标对象	目标对象
PoseMover_4 [HomePose]	Executed	PoseMover_3 [HomePose]	Execute
PoseMover_4 [HomePose]	Executed	LogicSRLatch_2	Reset
PoseMover_3 [HomePose]	Executed	LogicSRLatch	Reset
SimulationEvents	SimulationStarted	PoseMover_4 [HomePose]	Execute
LogicSRLatch_2	Output	Timer	Active
PoseMover_2 [closed]	Executed	Timer	Reset
Hide	Executed	Source	Execute
Timer	Output	Hide	Execute

图 7-38

10）为 S_CNC1 创建图 7-39 所示的属性连结。

11）复制 S_CNC1，将其命名为 S_CNC2，并将其沿世界坐标系 X 轴方向偏移 −2700mm。

12）按图 7-40 所示设置 S_CNC2 的 Source 子组件的属性参数。

图 7-39　　　　　　　　　　　　　　图 7-40

至此，S_CNC1 和 S_CNC2 创建完成。

7.3.4　传输带 smart 组件

1. 传输带 smart 组件逻辑设计

传输带 smart 组件与机器人的逻辑交互参见图 7-3。

2. 传输带 smart 子组件组成

1）新建一个名为"S_传输带"的 smart 组件。

2）添加图 7-41 所示的子组件。

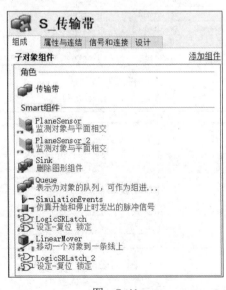

图 7-41

3）为 PlaneSensor 设置图 7-42 所示的属性参数。PlanSensor 与传输带的相对位置关系如图 7-43 所示。

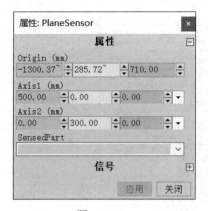
图 7-42

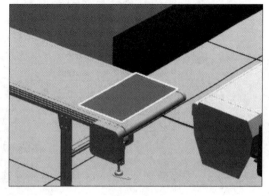
图 7-43

4）为 PlanSensor_2 设置图 7-44 所示的属性参数。PlanSensor 与传输带的相对位置关系如图 7-45 所示。

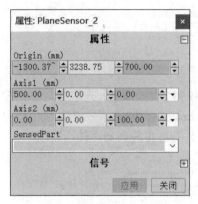
图 7-44

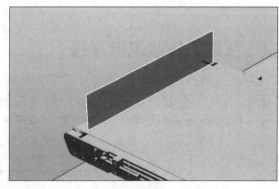
图 7-45

5）为 LinerMover 设置图 7-46 所示的属性参数。

图 7-46

6）为 S_传输带创建图 7-47 所示的 I/O 信号连接。

I/O连接			
源对象	源信号	目标对象	目标对象
PlaneSensor_2	SensorOut	Sink	Execute
PlaneSensor	SensorOut	Queue	Enqueue
SimulationEvents	SimulationStarted	LogicSRLatch	Set
SimulationEvents	SimulationStopped	LogicSRLatch	Reset
LogicSRLatch	Output	PlaneSensor	Active
LogicSRLatch	Output	PlaneSensor_2	Active
PlaneSensor	SensorOut	LogicSRLatch_2	Set
LogicSRLatch_2	Output	LinearMover	Execute
PlaneSensor_2	SensorOut	LogicSRLatch_2	Reset

图 7-47

7）为 S_传输带创建图 7-48 所示的属性连结。

属性连结			
源对象	源属性	目标对象	目标属性
PlaneSensor_2	SensedPart	Sink	Object
PlaneSensor	SensedPart	Queue	Back

图 7-48

7.4 创建工作站逻辑连接

各 smart 组件内部子组件的信号属性连接建立完成后，还需要建立各 smart 组件与虚拟控制器间的信号连接，根据设计逻辑有时也需建立 smart 组件与 smart 组件间的信号连接。如图 7-3 所示，本案例各 smart 组件间无信号连接，只需建立 smart 组件与虚拟控制器间的连接。

本案例所需创建的工作站逻辑连接如图 7-49 所示。

I/O连接			
源对象	源信号	目标对象	目标对象
CNC_STATION	do0_up	S_供料台	sdi_up
CNC_STATION	do1_low	S_供料台	sdi_low
CNC_STATION	do4_Y	S_GY夹爪	sdi_y
CNC_STATION	do5_G	S_GY夹爪	sdi_g
S_供料台	sdo_up	CNC_STATION	di0_up_ok
S_供料台	sdo_low	CNC_STATION	di1_low_ok
S_GY夹爪	sdo_g	CNC_STATION	di2_G_ok
S_GY夹爪	sdo_y	CNC_STATION	di3_Y_ok
CNC_STATION	do2_clamp	S_CNC1	sdi_clamp1
CNC_STATION	do3_door	S_CNC1	sdi_door1
S_CNC1	sdo_closed1	CNC_STATION	di4_closed1
S_CNC1	sdo_clamped1	CNC_STATION	di5_clamped1
CNC_STATION	do06_clam2	S_CNC2	sdi_clamp1
CNC_STATION	do07_door2	S_CNC2	sdi_door1
S_CNC2	sdo_closed1	CNC_STATION	di6_closed2
S_CNC2	sdo_clamped1	CNC_STATION	di7_clamped2

图 7-49

7.5 创建碰撞监控

机器人工作范围内容易与机器人发生干涉碰撞的有 CNC1、CNC2、供料台三个设备，因此需要创建三个碰撞监控用于检测以上设备是否会跟机器人发生碰撞。需要创建的碰撞监控如图 7-50 所示。

图 7-50

7.6 smart 组件效果调试

有些 smart 组件的动作效果在手动模式下也可以呈现，有的 smart 组件的动态效果则仅能在仿真运行中才呈现。因此为了使得所有的 smart 组件动态效果得以呈现，smart 组件的调试需要与 RAPID 程序一同进行，此时的 RAPID 程序仅作为协同调试用，机器人实际应用场景的 RAPID 程序需要另行编写。如果用于调试 smart 组件的 RAPID 程序存在不合理的地方，比如触发 I/O 信号的时机不合理，同样会导致 smart 组件的动态效果无法呈现。

扫描二维码下载的"CNC 仿真工作站（未完成）.rspag"已经含有调试过的 RAPID 程序，可以直接用于 smart 组件动态效果的调试。由于调试过程中可能出现的问题很多，每个问题的直接原因也有多种可能性，因此关于 smart 组件调试的细节问题，不在本章用文字描述，读者可参考本书封四附带的教学视频学习。

扫描上面二维码下载"CNC 仿真工作站（已完成）.rspag"供读者参考工作站的仿真效果。

在调试前，往往新建一个仿真专题，以便在需要时将工作站恢复成调试前的初始状态，在调试的过程中也可以根据需要存储仿真状态。建立仿真状态时，要注意勾选需要保存的项目，以及使用可辨识的名称为仿真状态命名。

7.7 仿真效果输出

完成 smart 组件效果的调试后，就可以将仿真效果以视频文件形式或者以可执行程序的形式输出。两种输出形式的最大区别在于，视频文件形式仅能以录制视频时的视角进行观察，可执行文件可以在仿真过程中以任意视角观察。下面分别介绍视频文件形式和可执行程序形式输出仿真效果的操作方法。

7.7.1 视频文件形式输出

期望以视频文件形式输出，按以下步骤操作：
1）单击【仿真】选项卡，进入仿真窗口。
2）单击【播放】命令，开始仿真。
3）单击【录制仿真录像】，开始记录仿真动画。
4）希望停止录制时，单击【停止录像】，此时已生成一个仿真录像视频文件。
5）单击【查看录像】即可打开所录制的视频文件。

7.7.2 可执行程序形式输出

期望以可执行文件形式输出，按以下步骤操作：
1）单击【仿真】选项卡，进入仿真窗口。
2）单击【仿真设定】命令，进入仿真设定窗口。
3）如图 7-51 所示，在仿真设定窗口将【虚拟时间模式】勾选为【时间段】。

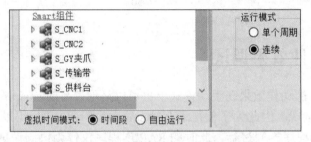

图 7-51

4）关闭仿真设定窗口。
5）如图 7-52 所示，单击【播放】命令下的展开符号，选择【录制视图】。

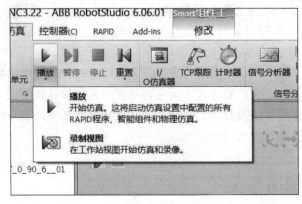

图 7-52

6）此时工作站开始仿真并记录仿真动画，需要停止记录仿真动画时单击【停止】命令，即可停止仿真动画和可执行程序的录制。

7）在弹出的【另存为】窗口中，保存录制的可执行程序的文件名称及存放路径。

至此完整地完成了 CNC 仿真工作站的创建，从 RobotStudio 的基本操作到几何模型的获取及布局，然后到机械装置的创建，再到 smart 组件的创建及调试，最后到仿真效果的输出。希望读者能通过该案例，掌握 RobotStudio 软件的动态仿真功能。

课后习题

（1）机器人仿真工作站布局时，由于是在软件中进行虚拟布局，因此可以随心所欲地摆放设备模型，而不受任何约束。请判断以上观点是否正确。（　　）

（2）每个碰撞监控设定，只能检查指定的两个物体是否发送碰撞，如果需要检测 3 个物体间两两是否会发送碰撞，则需要 3 个碰撞监控设定。请判断以上说法是否正确。（　　）

（3）通过"连线"的方式创建信号连接，与通过"列表"的方式创建信号连接的效果是相同的。请判断以上观点是否正确。（　　）

（4）所有的 smart 组件的效果在手动模式下均可呈现，因此 smart 组件效果的调试无须 PAPID 程序的配合，可以单独进行。请判断以上观点是否正确。（　　）

（5）期望以可执行程序输出仿真效果时，如果【虚拟时间模式】为【自由运行】，则无法以此方式输出仿真效果。请判断以上说法是否正确。（　　）

（6）如果虚拟工作站中同样的设备有多个，在为这些设备制作动态仿真效果时，只需制作一个 smart 组件，然后复制该 smart 组件，对其个别子组件的属性稍加修改即可。请判断以上说法是否正确。（　　）

（7）SimulationEvents 子组件的作用是：_____。

（8）_____子组件可以将对象从画面中隐藏，并使隐藏的对象不可被 LineSensor 子组件检测到。

（9）Timer 子组件的作用是：_____。

（10）当正确设置了 LineSensor 的起点、终点坐标值后，LineSensor 仍不在期望的空间位置，此时_____，LineSensor 即可出现在期望的空间位置上。

第 8 章

RobotStudio 在线功能

○ 知识要点

1. RobotStudio 与控制柜的连接
2. 请求写权限操作
3. 在线监控功能及账户创建

○ 技能目标

1. 掌握 RobotStudio 与机器人通过 SERVICE 端口连接的方法
2. 掌握通过写权限操作在线修改 RAPID 程序的方法
3. 掌握账户创建的方法

8.1 RobotStudio 与控制器的连接

通过网线可以实现 RobotStudio 与控制器的连接，可以实现在线对机器人进行监控、设置、编程和管理。本节，我们对连接方法进行学习。

要实现 RobotStudio 与真实控制器的在线连接，需要提前做如下两点准备：

1. 网线的连接

网线一端需连接到计算机的网线端口，另一端连接到控制器的 SERVICE 端口。因为 IRC5 的控制柜分紧凑型和标准型，不同类型控制柜 SERVICE 端口位置可能不一样，具体按照实际情况进行连接。

2. 计算机 IP 设置

把计算机的 IP 地址的获取方式设置为【自动获得 IP 地址】，具体可以参考如下步骤：

依次单击【控制面板】—【网络和 Internet】—【网络和共享中心】—【更改适配器设置】，右击【以太网】，更改 "Internet 协议版本 4（TCP/IPv4）"——选择【自动获得 IP 地址】和【自动获得 DNS 服务器地址】，如图 8-1 所示。

需要注意的是，如果使用固定 IP 地址，其必须与控制器 IP 地址处于同一网段且不能相同，否则无法成功连接。ABB 工业机器人服务端口的 IP 地址为 192.168.125.1，所以 PC 的 IP 地址可用范围是 192.168.125.（2～255）。

第 8 章 RobotStudio 在线功能

图 8-1

准备工作做好后,打开 RobotStudio 软件,进入【控制器】选项卡,展开【添加控制器】下三角图标,单击【一键连接...】,就可以将软件和机器人连接在一起了,如图 8-2 所示。

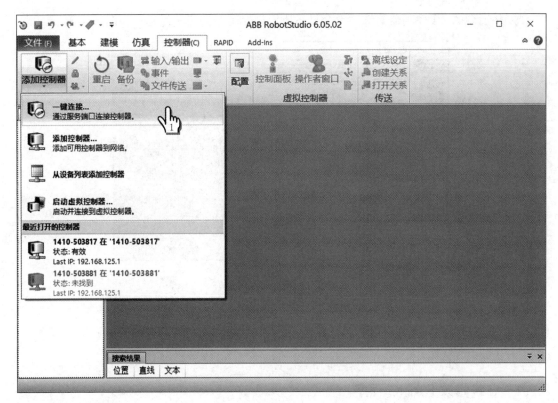

图 8-2

如果通过图 8-2 中的【添加控制器...】的方式连接,则会进入可用控制器的选择界面,选择需要连接的控制器,单击【确定】即可进行连接,如图 8-3 所示。

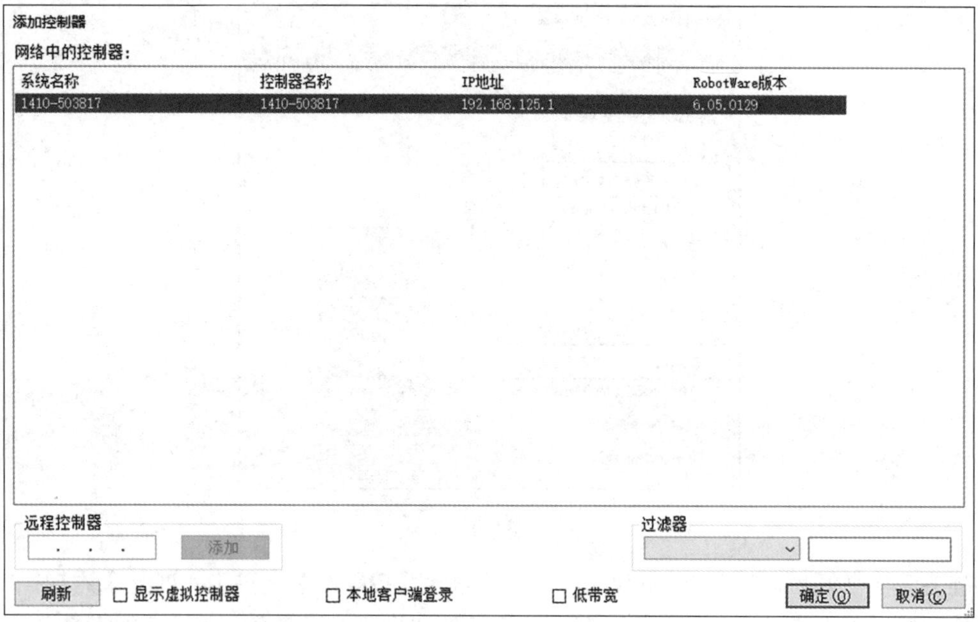

图 8-3

成功连接后,【控制器】选项卡会显示所连接控制器的相关信息,如图 8-4 所示。

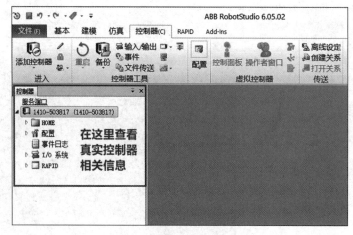

图 8-4

8.2 在线修改 RAPID 程序及文件传送

8.2.1 在线修改 RAPID 程序

RobotStudio 与控制器在线连接后,通过"请求写权限"授权后可实现在线修改机器人 RAPID 程序。"请求写权限"的具体操作步骤为:1 在【控制器】选项卡中单击【请求写权限】—2 在示教器上单击【同意】即可完成授权,如图 8-5、图 8-6 所示。

第 8 章 RobotStudio 在线功能

图 8-5　　　　　　　　　图 8-6

"请求写权限"操作完成后，逐一展开 RAPID、任务 T_ROB1、程序模块 module1，即可通过 RAPID 编辑器在线对机器人 RAPID 程序进行修改，在 2.3.3 节已进行了详细介绍，这里不再赘述。程序修改完成后同样需要单击【全部应用】命令进行更新。如果要对写入权限进行收回，可以单击示教器中的【撤回】或 RobotStudio 中的【收回写权限】命令，如图 8-7 所示。

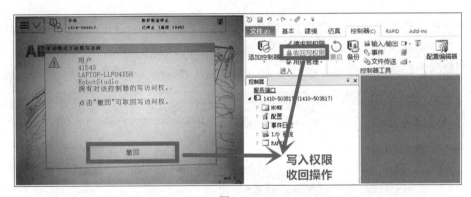

图 8-7

> **小贴士**
>
> 需要注意的是，通过 RobotStudio 对机器人进行写入的任何操作都需要进行"请求写权限"授权，除了在线修改 RAPID 程序，还有恢复系统备份、I/O 板卡及相关信号的创建、文件传送等操作。
>
> 有的操作需要重启后才生效，此时写入权限会自动撤回，如果要重新进行写入操作，需再次进行授权。

8.2.2　在线传送文件

在线传送文件，就是把 PC 端的文件传送至控制器或者把控制器文件传送至 PC 端。要进行在线文件传送，前提是进行"请求写权限"授权。需要注意的是，一定要清楚被传送的文件的作用，以免造成系统故障。本小节讲解在线传送文件的操作方法，但不建议学习者在不清楚文件作用的情况下进行随意尝试。

具体步骤为：1 单击【控制器】选项卡—2 单击【文件传送】命令，即可进入传送文件窗口，如图 8-8 所示。

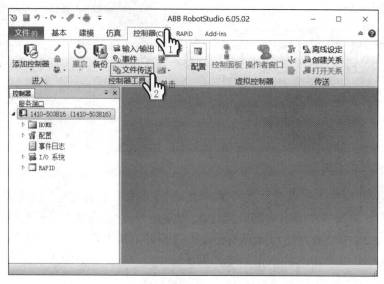

图 8-8

在【文件传送】窗口，左侧为 PC 资源管理器，右侧为控制器资源管理器。以从 PC 端传送文件至控制器为例，在 PC 端找到需要传送的文件并选中，单击右箭头，即可把文件传送至控制器，如图 8-9 所示。

图 8-9

8.3 其他在线功能

8.3.1 在线监控功能

RobotStudio 与控制器在线连接后，通过在线监控功能可以对机器人和示教器的状态进行实时监控，使用起来非常方便。

1. 机器人在线监控

单击【控制器】选项卡，单击【在线监视器】命令，即可进入监控界面。图 8-10 所示界面即为编者所连接的机器人的实时状态，它的运动方式跟真实机器人相一致。

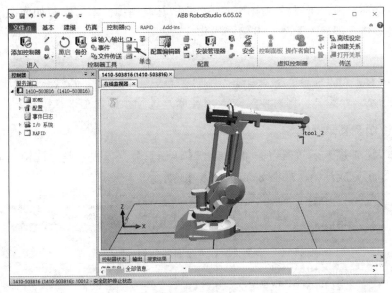

图　8-10

2. 示教器在线监控

单击【控制器】选项卡，单击【示教器查看器】命令，此时会显示真实示教器的实时界面，图 8-11 所示。勾选【重新加载每个】可以设定画面采样刷新频率。

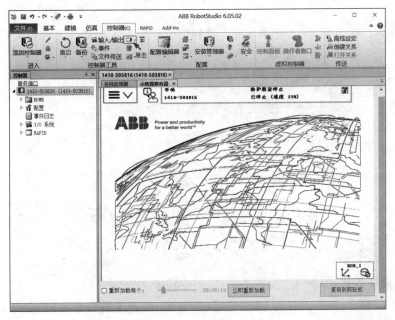

图　8-11

8.3.2 在线管理示教器用户操作权限

对示教器的误操作可能导致机器人出现系统故障，从而影响机器人的正常运行。所以一台工业机器人一般都拥有多个不同操作权限的登录账户，其目的是防止误操作的发生。ABB 机器人通电后都是以用户 Default User 自动登录示教器操作界面，而用户 Default User 拥有示教器的全部权限，所以投入生产前有必要把其取消掉。本节学习如何在线设定示教器用户操作权限，包含创建、删除、分组等操作。

> **注意**
> 清除用户 Default User 时务必保证已经创建好了一个拥有全部权限的管理员账户，如果其他权限账户意外丢失，则可以通过管理员账户进行操作或重设权限账户。

1. 账户注销及登录操作

具体操作为：1 进入示教器主菜单，单击【注销】命令，提示是否注销当前登录账户—2 单击【是】即可完成注销，如图 8-12、图 8-13 所示。

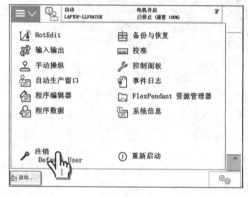

图 8-12

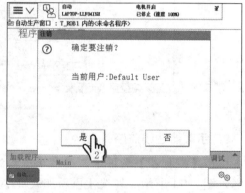

图 8-13

注销完成后，进入图 8-14 登录界面，选择账户，输入密码即可完成登录操作。

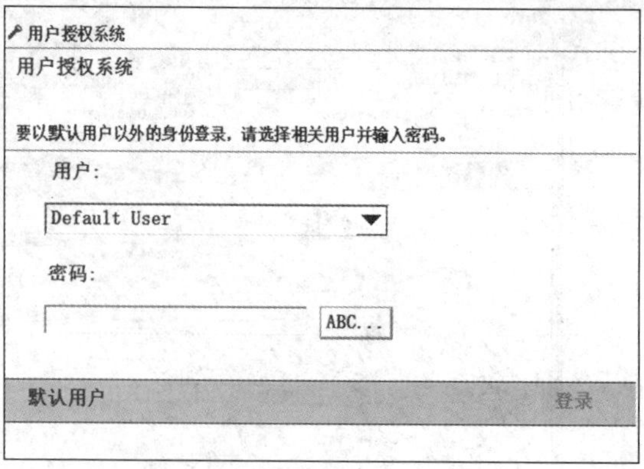

图 8-14

2. 在线创建登录账户

"请求写权限"授权后，进入【控制器】选项卡，展开【用户管理】命令下拉列表，单击【编辑用户账户】命令进入编辑界面，如图 8-15、图 8-16 所示。

178

第 8 章　RobotStudio 在线功能

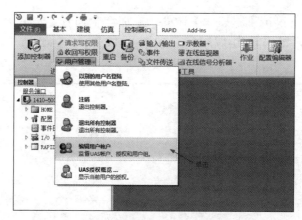

图 8-15

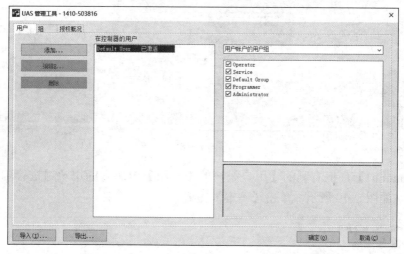

图 8-16

在编辑界面单击【组】标签，可以查看系统已有的组，单击对应的组可以查看其拥有的权限，比如 Administrator 勾选了【完全访问权限】则表明其拥有了全部权限，如图 8-17 所示。

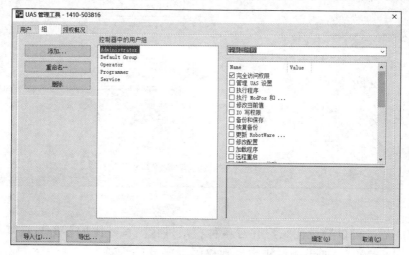

图 8-17

在【用户】标签下单击【添加...】命令，添加一个拥有"完全访问权限"的新用户，用户名设为admin1，密码设为123456，如图8-18所示，设定完成后单击【确定】完成创建。

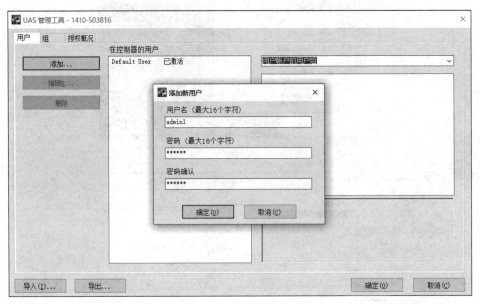

图 8-18

单击【admin1】，把右侧的【用户账户的用户组】中所有的用户组进行勾选，对其权限进行设定，如图8-19所示，单击【确定】完成设定。

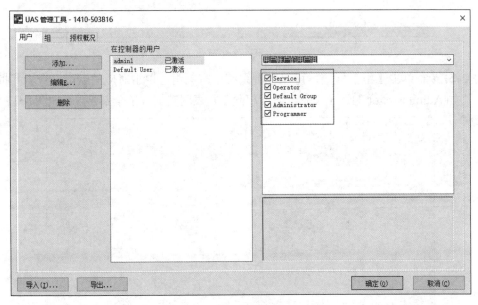

图 8-19

创建完成后，可以登录此账户并对各种权限进行测试，比如备份与恢复、校准、程序编写等（图8-20），如果测试正常，则权限设定成功。

第 8 章　RobotStudio 在线功能

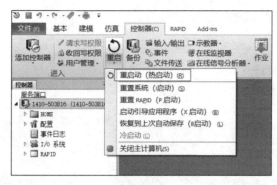

图 8-20

课后习题

（1）RobotStudio 与真实控制器进行在线连接需要用到的硬件有：_____ _____。

（2）用网线进行在线连接，网线的一端连接计算机的网线端口，另一端连接控制柜的_____端口。

（3）在线编辑 RAPID 程序，一定要进行_____操作成功授权，才能进行相关编辑。

（4）在线连接中计算机 IP 地址有哪两种获取方式？简述这两种方式的要点和注意事项。

（5）简述 RobotStudio 的在线功能可以对真实机器人进行哪些操作，至少答出 5 种。

附录

课后习题答案

第 1 章

（1）D　　　　　（2）A　　　　　（3）ABB　　　　　（4）Windows7 或以上

（5）文件、基本、建模、仿真、控制器、RAPID、Add-Ins

（6）工业机器人虚拟仿真与离线编程技术的应用领域有切削、机械加工、去毛刺、焊接、抛光/打磨、点胶、修边、涂漆/喷漆等方面。

（7）答：1. 由于 RobotStudio 软件对中文不具有识别性，安装目录里不要有中文，就算中文目录中能够正常安装，在后期的使用过程中也会出现报错，影响使用。

　　　　2. 安装前关闭计算机防火墙、退出安全软件，防止 RobotStudio 软件的相关组件被误杀，导致安装失败。

第 2 章

（1）Add-Ins，*.rslib、*.rsxml

（2）Libraries

（3）一个点、两点、三点法、框架、两个框架

（4）先断开与库的连接

（5）608-1 WorldZones，搭配相关硬件

（6）同步到 RAPID，同步到工作站

（7）RobotStudio

第 3 章

（1）√　　　　　（2）×　　　　　（3）√

（4）轴配置参数

（5）从几何体边缘创建一条路径或曲线

第 4 章

（1）√　　　　　（2）×　　　　　（3）√　　　　　（4）×

（5）机器人、外轴、工具、设备

（6）旋转、往复

（7）Joint= (LeadJoint * 系数) / 1000

（8）（0,0,0）

第 5 章

（1）属性和连结、红色

（2）信号和连接、绿色

（3）smart 组件得以继承该部件的坐标位置等属性信息

（4）工作站逻辑

（5）扫描右边二维码下载查看文件"CollisionSensor 组件使用 .rspag"。

第 6 章

（1）

1）创建一个图形组件的复制。　　2）移动一个对象到一条线上。

3）以指定时间间隔发出脉冲信号。4）仿真开始和停止时发出脉冲信号。

5）删除图形组件。　　　　　　　6）安装一个对象。

（2）LinearMover 是进行线性运动，LinearMover2 是移动一个对象到指定位置。

（3）面传感器的原点、第一个轴、第二个轴。

（4）物体完全进入立体传感器空间。

（5）方向

第 7 章

（1）×　　　（2）√　　　（3）√　　　（4）×　　　（5）√　　　（6）√

（7）在仿真开始和仿真结束时发出脉冲信号

（8）Hide

（9）以指定的脉冲间隔输出脉冲信号

（10）将 LineSensor 的位置和旋转角度都设置为 0

第 8 章

（1）计算机、网线、机器人

（2）SERVICE

（3）请求写权限

（4）答：在线连接中，IP 地址获取分为自动获取 IP 地址和固定 IP 地址。在 Internet 协议版本 4（TCP/IPv4）协议中如果设定为自动获取 IP 地址，则计算机在一键连接中根据控制器的 IP 地址自动生成合适的 IP 地址；如果设定为固定 IP 地址，则设定的 IP 地址必须与控制器的 IP 地址属于同一网段，并且不能相同。

（5）答：RobotStudio 的在线功能可以对真实机器人进行系统备份还原、文件传输、RAPID 程序编写、I/O 板卡及相关信号的创建、实时监控、重启、用户的创建及权限管理等操作。

参 考 文 献

[1] 叶晖. 工业机器人工程应用虚拟仿真教程 [M]. 北京：机械工业出版社，2013.
[2] 朱洪雷. 工业机器人离线编程：ABB [M]. 北京：高等教育出版社，2018.
[3] 张明文. 工业机器人离线编程 [M]. 武汉：华中科技大学出版社，2017.
[4] 蔡自兴. 机器人学基础 [M]. 北京：机械工业出版社，2015.